西頓
動物記
01
WILD
ANIMALS
I HAVE
KNOWN

狼王羅伯

LOBO, THE KING OF CURRUMPAW

厄尼斯特·湯普森·西頓
Ernest Thompson Seton

今泉吉晴
解說

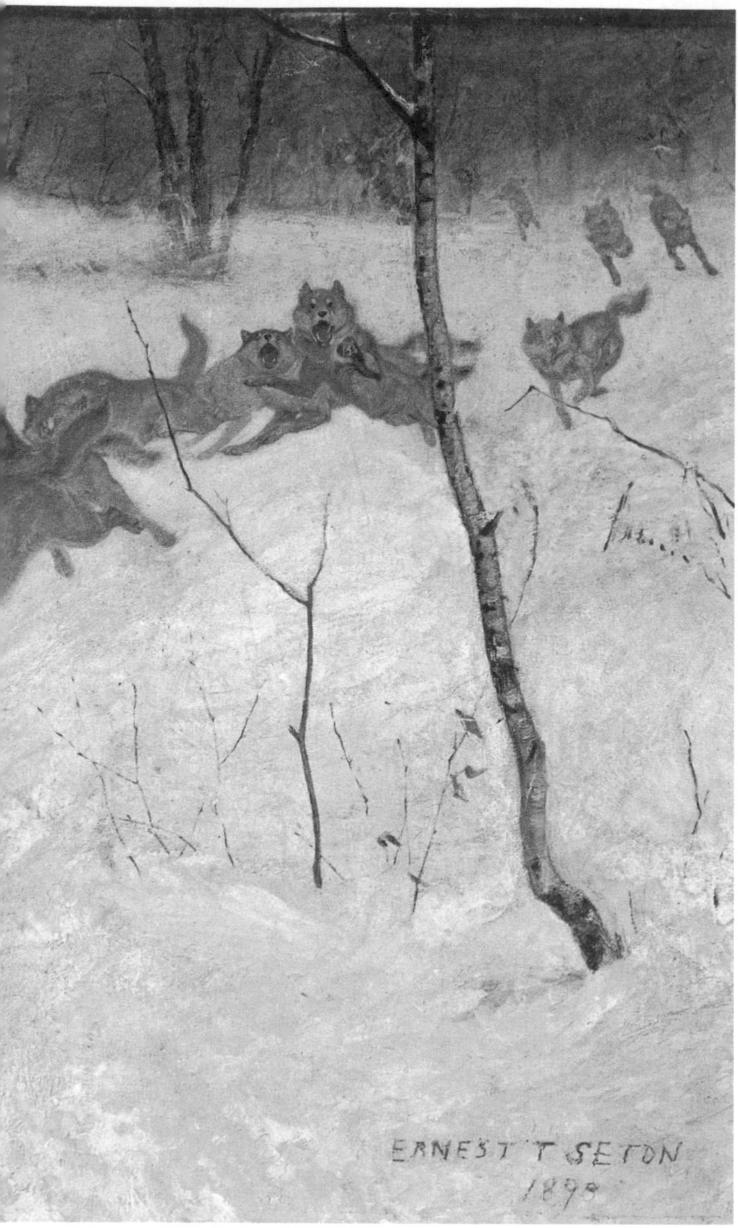

西頓小畫廊

追蹤

布蘭卡的服裝

羅伯的服裝

應孩子們的要求，西頓為動物故事的主角創作了音樂劇。

狼王羅伯

推薦序

動物引領孩子進入充滿想像的自然世界

李偉文

臺灣每年出版的新書就有四萬種左右，若以全世界近二百個國家來說，每年正式出版發行的新書數量至少也有數百萬種，若再加上沒列入統計的網路文章與數位資料，恐怕是個難以想像的天文數字。

因此，能夠歷經時代考驗，一代又一代流傳下來的經典名著，就非常難能可貴，而且經過無數人的研讀與討論，這些書本已經不再只是一些故事而已，也可以反映出時代的氛圍與共同的關注。

西頓的動物故事集就是這麼一套經典著作，西頓是個自然學家，也是作家和畫家，他所寫的動物故事之所以流傳一百多年，能夠被不同國家，不同年代的大人與孩子們喜歡，原因就是因為他說的故事精采感人，而且還奠基在正確的生態知識上，他寫的每個故事，每段文字還像是優美的散文，在如詩如畫的描述中，相信能夠激起孩子的想像力以及探索大自然的好奇心。

哈佛大學教授威爾森曾提出「親動物性假說」，認為人類在基因中就存在喜歡親近接觸具有生命的生物的天性。

的確，通常孩子小時候會對昆蟲，尤其某些甲蟲有興趣，隨著年齡成長而逐漸會對大型的動物產生好奇，而且不管是大人或小孩，走入大自然，總是會有愉悅及平靜的感受，大自然是每個人的心靈原鄉。

而且人的認知與發展，通常是從具象開始，然後慢慢進展到抽象概念，即使想像力和創造力的培養，也必須從具體的經驗中去整合與延伸。因此從剛出生的小嬰兒開始至長大成人，在真實世界中探索，是我們正常的學習歷程。

可是隨著世界愈來愈複雜，我們無法只從自己本身的生活經驗去學會一切該知道的事情，這時候「故事」就承擔了我們認識環境的重要角色，透過故事理解這浩瀚神祕的世界。

人人喜歡聽故事，看故事，而且往往看到精采的故事時會「啊！」一聲的感嘆，這個驚嘆，就是我們重新認識世界的時候，也就是對舊的經驗重新詮釋，對熟悉或不熟悉的事件有了不一樣的體會。

西頓動物記以生動且擬人化的方式來說故事，很能夠打動孩子的心靈。我們常常說大自然是一本值得閱讀的大書，但是真正懂得閱讀的人，應該能夠將大自然的奧秘，轉化為對我們的生活，不管在精神或心靈上，都有所啟發與改變的機會，我相信對孩子來說，這一套動物故事，能達到這樣的效果。因為生物成長中有所謂「銘印現象」，比如某些種類的雁鴨在破殼出生的那一剎那，出現在牠面前的生物就會被視為牠的母親。

我們相信人類也有銘印現象，也就是我們常說的成長與學習的關鍵期。我們應該要在孩子對自然生命感受力最強的關鍵期，讓這些動物故事內化為孩子面對以後各種難關的力量。

不過我希望當孩子看見這些故事之後，能夠有機會在大人陪伴下，在真實的世界中看到這些生命，觀察牠們與環境之間的關係，牠們彼此的互動，體會到我們與這些動物共享著這個神奇豐富的世界。

本文作者為作家、荒野保護協會榮譽理事長

目錄

第一章 牛國老大——羅伯

第二章 獵捕羅伯

第三章

對同伴的關心

和飛鼠老師一起讀《狼王羅伯》

◎在接下來文章中出現的粗體字，讀到「和飛鼠老師一起讀《狼王羅伯》」時會有更詳細的解說喔！

第一章

牛國老大——羅伯

綠意盎然的科倫帕河谷

科倫帕是一處位於新墨西哥北部的廣闊大高原，那兒幾乎不下雨，只長著短短的草，紅褐色的大地宛如一片沙漠。

不過，沿著河流的低地卻生長著茂密又旺盛的牧草，萬里無雲的青空下，整片一望

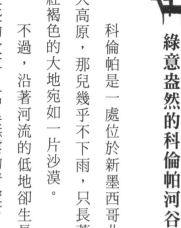

無際的廣大牧場上，到處都是牛群和羊群，一頭頭壯碩肥美，小牛和小羊們活潑又健康。

這裡四周遍布巨大的**方山臺地**，由遠而近綿延開來，棲息著成群的鳥獸。攸關動物生息的清澈河水從岩山的四面八方流淌下來，最後匯聚成一處，流入科倫帕河。

科倫帕這個地方就是以「科倫帕河」來命名。稱霸這一帶的，是一隻經驗老到的灰狼——羅伯。羅伯強壯有力，而且絕頂聰明，科倫帕河谷完全在牠的掌控之下。長年住在**新墨西哥**的墨西哥人都管牠叫「**Old Lobo**」，意思是「偉大、精明的狼」。也有人叫牠「King Wolf」，也就是「狼王」。因為這隻老練的大灰狼率領著一群優秀的狼在此活動，這一帶的人類、家畜及野生動物，彷彿都只能任牠宰割。

其實，長久以來，那些家畜遭受到殺害的牧場主人，都見識過這群在科倫帕河谷為所欲為的灰狼。每當羅伯率領的狼群一出現，牠們齜牙裂嘴的樣子，就足以讓牛隻嚇得動彈不得，任憑肆虐。而且無論牧場主人如何地生氣、反擊，也無法保護他們的牛群，只能搖頭嘆氣。

在這群體型碩大的狼群中，「偉大的狼」羅伯更是顯得巨大無比。牠仰仗著精明的腦袋，以及毫不鬆懈的警戒心，不達目的絕不罷休。一到夜晚，只要傳來羅伯的嗥叫聲，這一帶的人畜都能馬上辨認出來，那聲音完全不同於其他的狼嗥。

傍晚時，在大牧場放牧的**牛仔**會在牛群附近紮營，即使睡到半夜傳來可怕的狼嗥，如果聽出是別隻狼的叫聲，牛仔們多半不以為意。但只要老羅伯狂野的嗥叫聲在科倫帕河谷響起，經驗再豐富的牛

Ernest Seton Thompson

仔也不禁瑟瑟發起抖來。在月黑風高的郊野，無計可施的牛仔們只能坐等天亮，再認命地清點損失的牛隻。

耐人尋味的是，羅伯率領的狼群數量其實不多，嚴格說來，這群狼的規模算是很小。這到底是什麼原因，我也不清楚。

照理說，像羅伯這種地位崇高又善於領導的狼，應該會吸引許多同伴跟隨，形成龐大的狼群。我猜想，應該是羅伯的能力太強，這一小群狼就足以叱吒風雲了。又或許是羅伯的脾氣火爆，令同伴無法跟隨而紛紛走避，狼群因而沒能坐大。

無論如何，我能確定的是，在羅伯稱霸科倫帕的後半時期，跟隨牠的狼群，數量僅僅只有五隻而已。

這五隻狼各有威名。其中有幾隻體型大過一般的狼，尤其是那隻

POISON
POISON
E.T. SETON
UNDISMAYED

地位僅次於羅伯的二當家，堪稱「巨獸」。當然，既是排行第二，就表示牠的體型或能力還是遠遠不及老羅伯。除了這兩隻狼，狼群中還有其他個頭醒目的狼。

其中一隻是毛色美麗的白狼，長年居住在當地的墨西哥人都管牠叫「布蘭卡」。布蘭卡是隻母狼，人們猜想牠是羅伯的伴侶。另外還有一隻腳程飛快的「黃狼」。最近聽說這隻黃狼能追捕到跑得極快的叉角羚，還大咧咧地與同伴暢快分食，而且不止一次。

光是這些我從當地居民那兒聽來的一小部分傳聞，就知道牛仔和

牧羊人對羅伯和牠的狼群是多麼熟悉了。羅伯的狼群經常出現在人們視線範圍內，因此，不時傳來的恐怖狼嗥聲就更是家常便飯了。大家總是互相交換遭遇羅伯狼群的經驗，所以才會這麼了解牠們。而幾乎每天都被羅伯狼群襲擊牛隻的牧場主人，蒙受了極大的損失，下定決心要好好對付羅伯的狼群。

他們提供了與巨額損失不相上下的獎金懸賞捕獵狼群，保證「只要有人取下羅伯狼群中任何一隻的頭部毛皮，就能得到價值幾十頭牛

的獎金」。

然而，羅伯這群狼彷彿受到神奇的魔法保護著，遇上任何危險也無法傷害牠們，仍然過得悠然自得。而這其實是靠著羅伯狼群的睿智和努力，才得以逃過人類所布下、欲置之死地的槍陣、毒餌和陷阱。

羅伯的狼群像是在嘲笑捉弄獵人，總是聰明地躲過獵槍、識破毒餌，同時變本加厲、毫不留情地向科倫帕的牧場主人奪取活生生的牛隻，當作年貢。

羅伯的狼群向牧場主人強取的年貢到底有多少？

在我多方打聽並目睹相關證據後，才知道這五年來羅伯狼群每天都來殺掉一頭牛。羅伯和牠的狼群專挑最好的牛隻，前後竟殺了兩千多頭牛。你可能會問，我怎麼知道牠們專挑最好的牛？讓我告訴你：這一帶的人都知道，因為羅伯的狼群在襲擊牛隻前，會用一種特別的方法挑選牛群中最好的牛。

過去大家都說，狼經常餓肚子，所以總是飢不擇食，抓到什麼就吃什麼。羅伯的狼群卻完全不是這樣，甚至可以說，這種說法離事實非常遙遠。羅伯率領的這群惡名昭彰的盜賊，每隻都毛色亮麗，體格健壯，更是挑剔的美食家。

羅伯的狼群絕對不吃因生病或受傷等自然因素死亡的動物，也不去碰已經死了好一段時間的屍體，連對肉業者特意加工過的食用肉品也興趣缺缺。牠們精挑細選的上好美味，必須是親自宰殺的一歲母牛，而且只挑柔軟的部位吃。已經長大的牛隻，無論公母，牠們都不屑一顧。而未滿一歲的小牛或小馬，或許偶爾抓來打打牙祭，但顯然也不是牠們的偏好。

有時候，羅伯的狼群會殺羊取樂，卻不怎麼愛吃羊肉。例如，一

八九三年十一月的某個夜晚，布蘭卡和黃狼竟然為了尋開心而殺了兩百五十頭綿羊，卻一丁點肉也沒吞下肚。

在我的採訪紀錄中，這只不過是這群被人類認為有害的狼掠殺行徑的一小部分。其實還有更多例子可舉，但我想就不再多說了。

在此，我希望各位了解的是，這裡的居民為了對付狼群，每年都想出許多新點子和新戰略，可以說到了不擇手段的地步。但是儘管絞盡腦汁，用盡各種方法，羅伯這群狼依然在科倫帕河谷作威作福，過著舒適的日子，甚至生兒育女。

牧場不斷提供高額獎金懸賞羅伯的首級，許多獵人為此來到科倫帕河谷獵捕羅伯。獵人們設置了上百、上千、甚至上萬個精心調製的毒餌和陷阱。然而，羅伯識破並躲過了所有毒餌和陷阱，保護了狼群的安危。

這個世界上，只有一種東西，能讓羅伯敬而遠之。

那就是槍。

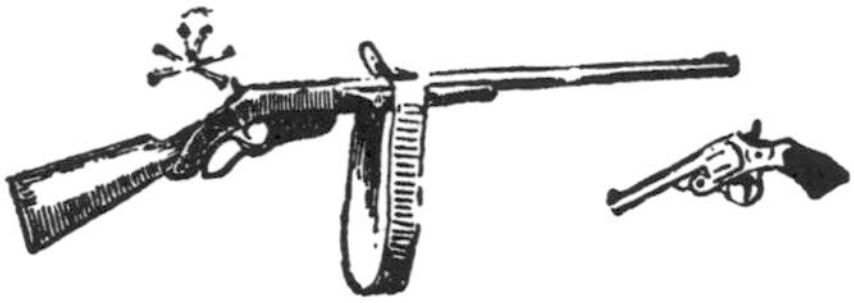

羅伯知道這一帶的人身上都帶著槍。一般都認為狼會攻擊人類，但是羅伯這群狼深知槍的可怕，所以決不輕易招惹人類，總是保持距離。

事實上，羅伯的狼群若在白天看到人類，就算距離很遠，牠們也會躲起來。顯然這種謹慎的習性，以及羅伯要求狼群只吃自己宰殺的獵物的規矩，成為牠們躲過無數危險且能倖存的關鍵。而牠們敏銳的嗅覺能精確嗅察出人手碰觸殘留的氣味，或是毒藥的味道，正是完美避開毒餌的最佳方法。

羅伯率狼群襲擊牛隻

某天，一名牛仔騎著馬巡視牧場時，聽見老羅伯的長嗥，那是召喚狼群集合的信號。他不動聲色地趨馬來到懸崖邊，看見狼群在遠處的谷底，正將一小群牛逼到一角。驅趕牛群的是布蘭卡和其他同伴，羅伯則坐在稍遠的低矮小石丘上觀望。

牠們將牛群逼到一處後，選了一頭年輕的母牛。接著逐漸近逼，試圖迫使這隻母牛脫離牛群。牛群驚慌地將身體靠在一起圍成圈

圈，低下頭，用危險又尖銳的牛角對抗狼群的威嚇。

要攻破這麼多牛角形成的圓陣，狼群必須更凶狠地逼近，這樣才能讓正面對峙的牛隻心生畏懼，往圓陣內側後退。然而，布蘭卡和同伴的威嚇稍稍打亂了圓陣，接著牠們趁亂趨前抓傷了那頭母牛，不過母牛並沒有因抓傷而倒下。

看到這裡，羅伯終於耐不住性子了。牠從小石丘上衝了下來，一邊發出凶狠的嗥叫，一邊衝向牛群的圓陣。牛群嚇得亂了陣腳，一等圓陣出現空隙，羅伯便加速衝進圓陣中，被嚇壞的牛群立刻四散逃逸，圓陣宛如炸彈爆開一般。

儘管牛隻四處竄逃，羅伯可沒放過牠們選中的母牛。牠以極快的速度追上年輕的母牛，才跑了二十五碼（約二十三公尺）就一口咬住了母牛。牠使勁緊咬母牛的頸部，用全身的力氣將母牛壓制在地。

Ernest Seton-Thompson

原本死命脫逃的母牛在羅伯激烈拉扯的力量下，一個轉身重重跌在地上。這頭母牛肯定完全嚇壞了，牠失去重心跌了個四腳朝天，動彈不得。羅伯得意地空翻一圈後穩穩著地，這時同伴們已經三兩下把這頭跌在地上的可憐獵物給咬死了。羅伯並不參與宰殺，只是遠遠看著同伴們下手。牠的神情像在說：

「怎麼樣？拖拖拉拉可是捕不到東西啊，還有誰能比我更速戰速決？」

此時，目擊羅伯與狼群一切動靜的牛仔高呼一聲，騎著馬穿越河谷，向狼群奔去。羅伯的狼群一發現人類出現，便一如往常退到安全距離之外，以免被槍打中。

這個牛仔隨身攜帶著一種叫「馬錢子鹼」的毒藥，他急忙來到被殺的母牛身邊，在母牛屍體中的幾個地方藏入馬錢子鹼。牛仔打的如意算盤是這樣的：他離開後，羅伯的狼群會回來吃獵物，因為這可是牠們自己選中、宰殺的獵物，如此一來肯定難逃中毒的下場，簡直是天賜良機。

隔天早上，牛仔滿心以為羅伯和狼群已經吃下毒藥，帶著興奮的心情再度來到河谷。

羅伯的確帶著狼群回來吃牠們的獵物，但令人意想不到的是，牛仔偷藏馬錢子鹼的部分，都被聰明的狼群一一咬下來，丟在一邊。

此後，偉大的狼王羅伯和牠所率領的狼群，對牧場主人造成的威脅年年增加，而懸賞羅伯首級的金額也跟著水漲船高，最後竟然高達一千美金，這可是前所未聞的金額，就連捉拿通緝逃犯的懸賞金都遠遠比不上。而羅伯因而不斷遭人追捕，最終還是落到了獵人手上。

賞金獵人塔納利

擔任**德州遊騎兵**的塔納利先生是出了名的「灰狼獵人」，他曾贏得無數的懸賞金，此刻也來到科倫帕河谷湊熱鬧。

身為「賞金獵人」，塔納利把性能最好的獵狼工具都帶來了，包括數支上好的獵槍、幾頭為了狩獵而特別訓練的馬，還有一群體型比狼更巨大、更凶猛，專門對付野狼的獵狼犬。

以前，塔納利也曾在德州像「**鍋柄**」一樣的狹長大草原上，帶領獵狼犬捕殺過許多可怕的野狼，可說是經驗豐富。他有絕對的信心，幾天內就能取下羅伯的首級，掛在自己的馬鞍前。

夏季某一天，曙光漸露，做好萬全準備的塔納利帶著一隊獵狼犬，浩浩蕩蕩出發去獵狼。沒多久，精神抖擻、一直跑在前頭的獵狼犬發出了吠聲，向塔納利傳遞訊息：已經聞到獵物腳印的氣味，要展開追蹤了。

再往前不到兩哩（三公里）的地方，塔納利看見了一隻毛色參雜著些許銀色的科倫帕狼。與此同時，獵狼犬加快了追趕的速度，吠聲更顯得凶狠異常。

獵狼犬的工作就是獵狼，牠們被訓練成必須近距離追趕狼群，防堵牠們逃走，直到獵人趕到，用槍一舉殲滅。這種獵狼的方法在德

州平坦的大草原上無往不利，但是，科倫帕是一處岩山林立的熔岩臺地，因為受到河川的侵蝕，河谷中充滿大大小小的溝漕，地形相對複雜；再加上**乾河床形成的深溝**又向四面八方延伸，對塔納利來說，這是相當棘手的問題。

顯然羅伯是刻意選擇這樣的地方作為棲身之所。熟門熟路的狼王率領狼群奔向乾河床，躍過深溝，甩開騎馬追趕的獵人塔納利。接著，羅伯和同伴往四面八方散開，逼得後方幾隻獵狼犬不得不分頭追趕。羅伯跑了一段距離之後，才呼喚同伴集合。一整隊的獵狼犬因為分散追趕而無法團結發揮力量，狼群便乘機對落單的獵狼犬展開攻擊，牠們不是一一被咬死就是身受重傷。

天黑後，塔納利召喚獵狼犬集合，沒想到回來的竟然只有六隻，其中兩隻還遍體鱗傷，慘不忍睹。

Ernest Thompson Seton

回去重整旗鼓的塔納利，後來又行動了兩次，希望逮住狼王羅伯，卻都無功而返。第三次行動的下場尤其悲慘，塔納利最心愛的馬兒不慎跌落懸崖死亡。從此，塔納利再也無力對付羅伯的狼群，只能黯然回德州去了。

而經過這次事件，統治科倫帕河谷的狼王羅伯，名聲比從前更響亮了。

科學和魔力

隔年，又有兩名獵人為懸賞獎金遠道而來。他們都對自身的狩獵技巧很有信心，認為自己才是最配得上狼王名號的獵人。

首先是喬・卡隆。他帶來一種新發明的藥劑，以此小心翼翼地調製毒餌，還構思了新的投毒方法。

另一名是法裔加拿大人拉羅許。他認為用傳統方法對付羅伯根本行不通，無論是槍、陷阱或毒餌，只要是科學方法都不管用，因為他

堅信羅伯是具有魔力的「狼人」。拉羅許認為必須用下過咒語的毒藥來對付羅伯，才能發揮效用。

其實這兩名獵人的計畫如出一轍，一個是用最新方法調製毒藥，另一個則在毒藥上施咒，到了最後，銀灰毛色的賊王羅伯依舊毫髮無傷。羅伯和狼群照樣在牠們的王國裡安穩度日，每個星期巡視一輪，每天捕獵新鮮的牛肉大快朵頤。

一籌莫展的卡隆和拉羅許十分受挫，幾個星期後便離開到其他獵場去了。

卡隆獵捕羅伯失敗之後，在一八九三年春天又遭到羅伯殘酷的羞辱。大灰狼羅伯不僅不將卡隆放在眼裡，更自信卡隆絕對抓不到牠。

卡隆的牧場位於科倫帕河支流流過、風景如畫的美麗山谷中。而距離卡隆牧場不到一千碼（九百一十四公尺）的岩石山谷間，老羅伯和伴侶選擇在那裡做了窩，並且生了孩子，在此處撫育小狼。

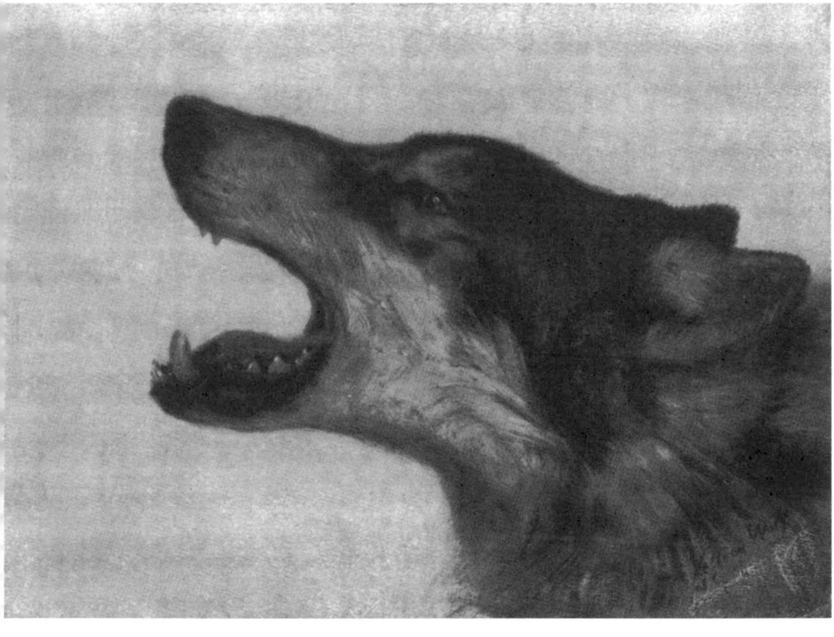

整個夏天，羅伯和牠的家人都在山谷中度過。牠們殺了卡隆的牛羊還有狗，嘲笑他精心埋設的毒餌和陷阱，悠悠哉哉地棲身在數不清的懸崖洞穴中。

卡隆想盡辦法要逮住羅伯，他試過燻濃煙、放炸藥將洞口炸開，進逼洞穴深處，卻總是一無所獲。

對於卡隆那些不擇手段的方法，羅伯一家總能巧妙地避開，而且每天還飼機殺掉一頭牛群中最好的母牛，從來沒有停過。

一年後，我去拜訪卡隆的牧場。卡隆帶我參觀農場時指著懸崖的

那一頭說：「羅伯牠們去年夏天就住在那裡。」然後嘆氣道：「明明住得那麼近，我卻束手無策，羅伯一定覺得我沒長腦子，整天都在嘲笑我吧！」

第二章

獵捕羅伯

前往科倫帕

前面說的那些關於羅伯的事，剛開始是一位來自新墨西哥的大牧場主人告訴我的，我們在東部認識。他說當地牛仔說的都是事實。不過，這些故事實在太精采，我只是半信半疑。

然而，一八九三年秋天，當我實地走訪新墨西哥的科倫帕、親自追蹤羅伯之後，才發現這隻狼王真是個深思熟慮又充滿智慧的謀略

家。而當我比誰都了解羅伯之後，我對牠完全改觀了。

在這之前，我曾經在加拿大草原的拓荒農場生活過幾年，帶著我的愛犬賓果一起追蹤野狼，也有過多次獵捕野狼的經驗。後來，我轉而從事完全不同的工作，在紐約當一個被束縛於書桌的作家和畫家，這樣的生活持續了好一陣子。最後我還是受不了大都市的生活，一心只想到西部去。我需要改變。

就在這時候，我的朋友——就是剛剛說的牧場主人——邀請我去新墨西哥幫他對付那群老是攻擊牧場牛隻的野狼。雖然我認為好像不該獵捕羅伯，卻又被這個難得的機會打動，想好好見識一下。我決定接受朋友的邀請，立刻動身前往科倫帕的方山臺地。

到了充滿神祕的科倫帕之後，我設法挪出一點時間，請一名牛仔帶我騎馬四處逛逛。牛仔騎著馬為我介紹當地的景況，當他看到沙地

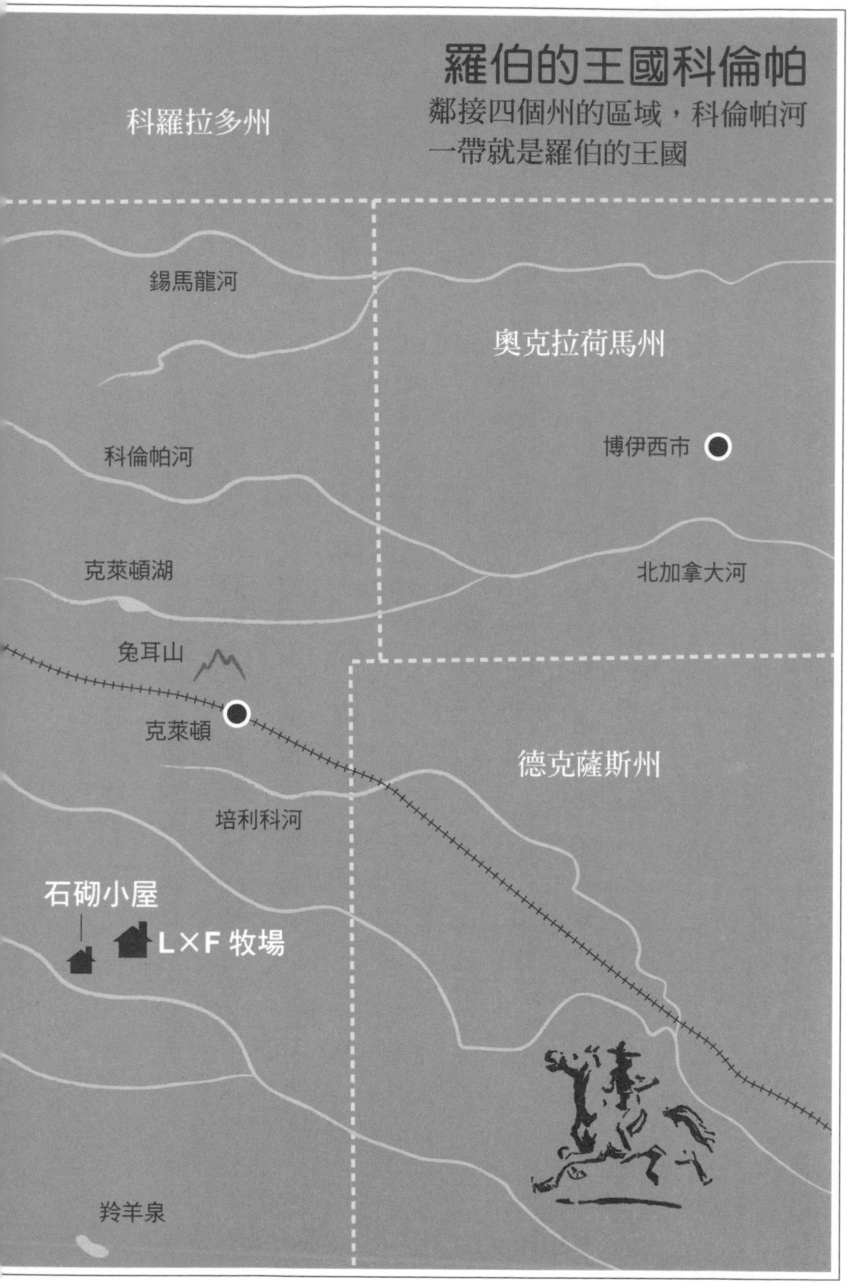
羅伯的王國科倫帕
鄰接四個州的區域，科倫帕河一帶就是羅伯的王國
科羅拉多州
錫馬龍河
奧克拉荷馬州
博伊西市
科倫帕河
克萊頓湖
北加拿大河
兔耳山
克萊頓
德克薩斯州
培利科河
石砌小屋
L×F 牧場
羚羊泉

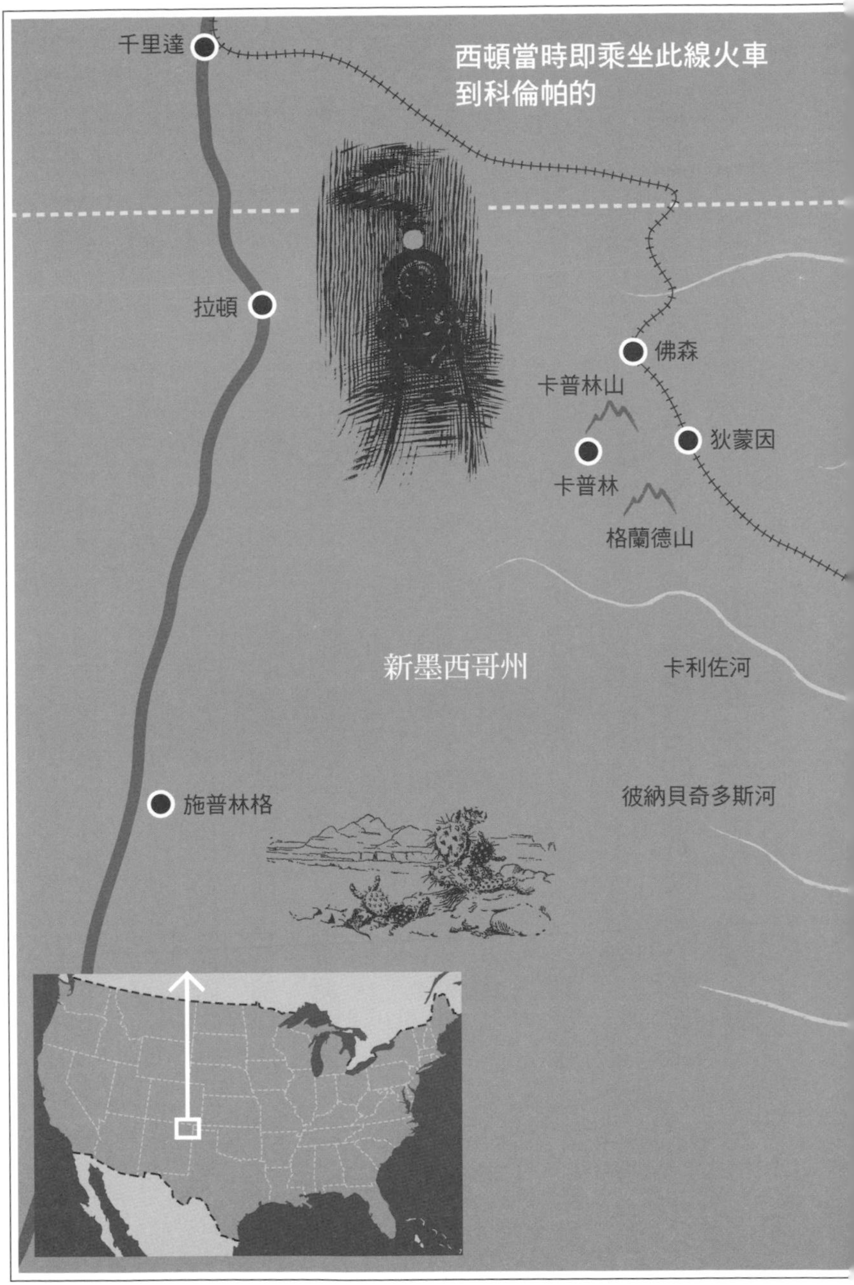
西頓當時即乘坐此線火車
到科倫帕的
千里達
拉頓
佛森
卡普林山
狄蒙因
卡普林
格蘭德山
新墨西哥州
卡利佐河
施普林格
彼納貝奇多斯河

上一堆牛骨，便指著說：「這也是羅伯那群狼幹的好事。」

粗大的牛骨上黏著一層已經乾燥變薄的牛皮。

我觀察科倫帕的環境，發現這裡的地形頗多起伏，便於藏匿，遍布著方山、河谷和乾河床。很明顯，派獵狼犬或騎馬追捕羅伯都只是徒勞無功。換句話說，連槍都不管用，因此最後的手段只剩毒餌或陷阱了。

不過，我手邊沒有捕野狼用的那種又大又重、鋼鐵製的捕獸器，在等人送來之前，我只好先著手準備毒餌。

我只是區區一介小人物，竟然想用毒餌對付有「狼人」之稱的羅伯，真是太大膽了！舉凡馬錢子鹼、砒霜、氰化鉀……等劇毒，能試的我都試過了。在此沒必要把我處心積慮調配的上百種毒物都寫出來，總之我全都用遍了；包括各種將毒藥混進肉或脂肪的方法，無一遺漏。

然而，我每天早晨騎馬來到科倫帕的大地，只見那些精心調配又仔細混合的毒餌完全沒有發揮效果。我由衷覺得老羅伯真是個非常謹慎的智者。

以下，我舉一個例子，你就知道羅伯的聰明才智是多麼值得讚賞了。

識破毒餌的羅伯

我請了一位值得信賴又經驗老到的獵人教我設置陷阱，準備用來對付羅伯。我找來一頭剛宰殺的母牛，取下腎臟附近的脂肪與乳酪充分混合，這是一種特製的毒餌，製作過程必須非常小心。

為了防止毒餌沾染金屬的氣味，我用獸骨製成的刀子來切割脂肪，放入陶鍋熬煮。煮好之後，等待冷卻凝固，再捏成適當大小的塊狀。然後，我將每個脂肪塊挖出一個小洞，塞入裝有馬錢子鹼和氰化鉀的膠

囊，最後用乳酪把小洞封起來。

整個過程中，我都戴著浸泡過小母牛鮮血的手套，還得注意呼吸時不能讓脂肪塊沾上氣味。我將細心製成的毒餌裝進生牛皮製成的袋子裡，袋子裡裡外外都抹上牛血。

我帶著裝有毒餌的袋子，再用一條繩子綁住牛的腎臟和肝臟，騎上馬拖著走。每走四分之一哩（四百公尺）就放置一個毒餌，而且得小心翼翼避免直接碰觸到毒餌。就這樣，我繞了十哩（十六公里）的路程，才回到借宿的牧場小屋。

以平時的觀察，羅伯的狼群前半週習慣在這附近出沒，後半週就到格蘭德山下徘徊。我們放毒餌的時間是星期一，到了晚上準備就寢時，我突然聽見一聲狂野的嗥叫。一名牛仔喃喃自語：「哦，是羅伯。明天我們一定會見到他！」他滿懷自信可以抓到吃下毒餌而死的羅伯。

隔天早晨，我躡手躡腳地出門，迫不及待想知道結果如何。沒多久，我就發現了那群聲名遠播的野狼腳印，而且是新的！羅伯走在最前頭……是的，我立刻看出這是羅伯的腳印，絕對不會錯。

通常，野狼的腳印從爪子前端到大塊肉墊的底部，長度約四點五吋（十一點四公分）。體型大的野狼腳印大概可以長到約四點七五吋（十二公分）吧，但是羅伯的腳印，我量了好幾十次，竟然有五點五吋（十四公分）那麼長。

我後來才知道，羅伯的身軀就如同這腳印的比例那麼龐大。羅伯以四足站立的高度是肩高三呎（九十一公分），體重達一五〇磅（六十八公斤）。羅伯的腳印因為被跟隨在後的同伴踩踏過而顯得模糊不清，即使如此，出奇碩大的尺寸實在太特別，讓人很難認錯。

狼群聞到我故意留在地上的母牛腎臟和肝臟的氣味，一如往常循著氣味而來。我看見羅伯走近毒餌，四處嗅聞，然後將毒餌叼起來的痕跡。

我忍不住開心的對著伙伴大叫：「我們抓到羅伯了！」

「再往前走差不多一哩（一點六公里）的地方，應該能找到毒發身亡、四肢僵硬的羅伯。」

我睜大眼睛，循著羅伯留在沙地的大腳印快馬加鞭。我看見腳印繼續來到第二個毒餌，而這裡的毒餌也不見了。我非常興奮，勝利彷彿就在眼前……我壓抑著心中的狂喜，秉氣凝神地觀察。

我心想，「現在等於已經拿下羅伯，再往前應該還

fore

大型野狼的腳印
（本圖為原尺寸）

右頁為前足，左頁為後足。
羅伯的腳印比這隻野狼的還大，竟然有 14 公分。

會有幾隻同群的狼也吃了毒餌！」

又大又寬的腳印在我留下氣味的地方來來去去。我踩著馬鐙，直起身體眺望平原的遠方，卻完全看不到野狼屍體。

我繼續追蹤野狼的腳印，發現第三個毒餌也不見了。接著，老羅伯的腳印又帶著我來到第四個毒餌，我這才知道，羅伯根本沒有吃下毒餌，牠只是用嘴巴叼著而已。

羅伯在第四個毒餌肉塊上，將叼走的三個毒餌肉塊疊上去，還撒上自己的排泄物，對我們精心設置的陷阱大肆嘲笑一番。之後，羅伯不再理會我留下的氣味，帶著牠守護的狼群揚長而去。

以上只不過是我接二連三、眾多的失敗例子之一。從這些失敗中，我學到了教訓：想用毒餌對付羅伯和牠的狼群，是絕不可能成功的。

後來，在我訂購的捕獸器寄達之前，我仍然繼續使用毒餌，不過是用來捕捉那些我同時在研究的郊狼和齧齒類等有害動物。失敗痛苦的經驗讓我明白，羅伯是狼群中最有智慧的領導者。我不再認為羅伯那群狼是區區毒餌可以對付得了的。

羅伯為什麼要襲擊羊群？

大約在此時我注意到令我相當好奇的一件事。羅伯似乎在誇耀牠堪稱惡魔般高超的狡猾詐術。

羅伯這群狼偶爾會追逐、濫殺獵物，而且牠們多半不是為了飽腹，而只是尋開心。牠們喜歡襲擊大群綿羊，將羊群咬死或逼得牠們四處逃竄、回不了家。

在這個地區，一個或數個牧羊人大多會在丘陵草原上，一次放牧一千到三千數量不等的

羊群。到了夜晚，牧羊人就找一處安全的地點，將羊群圈圍在一起，然後自己在羊圈外紮營野宿，輪流照看羊群。

羊群經常會發生在人類看來毫無意義的騷動，一丁點兒風吹草動，都可能讓牠們嚇得四處走散。可能因為這個緣故，綿羊很需要領導者，聽從命令行動……這可說是綿羊與生俱來的固執習性。

牧羊人深諳綿羊的習性，所以會在羊群中放養六、七隻山羊。綿羊很依賴長著鬍子又聰明的山羊，當騷動發生時，牠們會把山羊當成領隊，全都靠攏過來。有了山羊帶頭的綿羊就不會走散，牧羊人也能方便管理、保護。不過，也並不是因此所有的夜晚，綿羊都能安心歇息度過。

臨近十一月底的某個夜晚，兩名來自培利科的牧羊人遭遇到野狼的侵襲。

綿羊們已經緊緊靠在一起，團團圍在山羊的身邊。面對野狼的入侵，山羊既不慌張也不畏懼，勇敢擋在前面。

但是這一天，山羊和綿羊算是倒大楣了。今晚帶頭襲擊的可不是普通的野狼，而是素有「狼人」之稱的羅伯，牠看上了綿羊群中負責帶頭的山羊。

羅伯跳上靠在領隊山羊周圍的綿羊，迅速衝向山羊。咬死一隻山羊後，羅伯隨即又跳到圍在其他山羊身邊的綿羊背上，再次衝撞，咬死另一頭山羊。不消幾分鐘，所有領頭山羊都被咬死了。一瞬間，失去領隊的大群綿羊只得向廣大的草原四處逃竄。

這件事過後的幾個星期，幾乎每天都有到處尋找綿羊的牧羊人來問訊。

「我是 OTO 牧場來的，請問是否見過身上有 OTO 烙印的綿羊？」

由於那時我正在追蹤羅伯，大抵都有好消息能夠回應：「有啊，

我在某某地方見到過！」

有時我只能說：「嗯，在鑽石泉附近是有五、六隻綿羊，但很遺憾，牠們已經死了。」

或是：「我看到有一小群羊逃到很遠的梅爾派方山那邊。」

甚至有時我只說：「哦，我最近都沒看到。不過前兩天聽胡安・梅拉說，在西德拉山看到二十隻剛被殺的綿羊。」

捕獸器來了

過了一段時間，我引頸企盼的捕獸器終於送來了。

我請了兩位牛仔來幫忙，花了一星期將所有的捕獸器安置好。在他們全力以赴、毫無怨尤的協助下，這些組裝總算大功告成。托他們的福，這些看起來頗有希望的捕獸器，安裝起來雖然費事，實際操作的過程還算順利。

捕獸器送來的那天，我騎馬到人煙稀少的半沙漠，盡可能將捕獸器埋進沙地裡。埋設方法如下：

1890 年代的捕獸器廣告

和放毒餌一樣，先沿路在地上留下氣味，一路往無人的半沙漠草地移動。地面上的氣味可以引誘羅伯的狼群靠近。接著，每隔一段距離就挖個洞，將捕獸器埋進去，再用沙土掩蓋好。

隔天，我察看這些捕獸器，很快在沙地上發現羅伯的腳印，看來牠曾在捕獸器之間徘徊。我可以從細沙上的羅伯腳印以及狼群留下的痕跡，研判前一晚羅伯的行蹤，就像讀一個故事。

羅伯在黑暗中循著我留下的氣味前進，馬上找到我以為絕不會被發現的第一個捕獸器。找到捕獸器的羅伯先制止同伴前進，接著用前足輕輕將捕獸器周圍的沙子一點一點撥開，讓捕獸器暴露出來。然後，羅伯再用前足撥開捕獸器鍊子周邊的沙土，讓鍊子也一併暴露在地面上，最後，牠將固定鍊子的木頭也挖了出來。

就這樣，羅伯精明謹慎地識破了這些捕獸器，連同鍊子和木頭讓

Ernest Thompson Seton

其整個都顯露在外，任誰一看就知道是陷阱。牠繼續循著氣味找到下個捕獸器，拆穿，然後又前往下一處。牠總共找到超過十二個捕獸器。

就在牠循著氣味逐一拆除捕獸器的同時，我發現一件重要的事。羅伯是邊循著我留下的氣味前行，嗅聞到有什麼可疑危險的東西時，會停下來，接著再往左或往右前進，避開危險。

當我發現羅伯懂得避開危險後，便想出一個可騙過野狼的新方

法。我在散發氣味的地面上，將捕獸器排成H形。也就是說，在氣味所在處的兩側埋設好兩個平行的捕獸器，中間再橫放一個，形成H形的布置。

可惜的是，這個新想出來的方法，只是讓我的失敗經驗又增加了一次罷了。

循著氣味疾步向前的羅伯，發現沙地上有挖開的痕跡，便知道氣味下方有捕獸器。這時，因為捕獸器排成H字形，羅伯所在的兩側也有捕獸器。如果牠像平常一樣選擇往左或右避開危險，應該馬上就踏進了兩側的捕獸器。然而，羅伯只是默默停下了腳步。我想不通牠為什麼不再前進，一定是有野生動物的天使在保護著羅伯。

羅伯既不往左、也不向右踩，牠一寸都不肯再前進，而是小心翼翼地後退，且準確踩著自己剛剛留下的腳印往後撤，直到沒有捕獸器的安全所在。然後，牠走到排成H字形的捕獸器一側，用後腳踢開石塊或土塊，讓所有捕獸器都彈開。

後來，羅伯無數次避開同樣的危險。也就是說，雖然我更用心設計陷阱，也更小心掩埋，但羅伯依舊不曾被我的陷阱騙倒。

羅伯的睿智彷彿看透了一切危險。可惜，後來牠所信賴的伴侶運氣不好，而羅伯因為對同伴的深厚情誼和忠誠，最後竟然導致了自身的毀滅。

如果羅伯一直單槍匹馬，獨來獨往，我想牠現在仍繼續在科倫帕一望無際的高原上稱霸一方吧。羅伯對伴侶的關心與真誠，為挽救伴侶而犧牲的精神，牠的名字將留在同樣犧牲毀滅的英雄名冊上。

第三章

對同伴的關心

有些凌亂的腳印

科倫帕的羅伯狼群並非總是聽從指示行動，而我也掌握了一兩個可能的證據。雖然是很小的細節，卻是重要的發現。那就是，狼群的行動中，出現了一些雜亂的腳印。

有幾次，我看到一組較小的狼腳印很明顯跑在羅伯前方。一開始，我不懂這種紛亂的腳印代表什麼意思，直到我跟一名牛仔提起。

「今天我看到羅伯那群狼。」牛仔說。

「有一隻在搗蛋，是布蘭卡。」另一個牛仔接口道。

聽牛仔們這麼一說，我才恍然大悟：「原來如此，那麼布蘭卡一定是母狼，要是公狼這樣放肆，羅伯必然會咬死牠。」

這個新情報讓我想到一個和以前作法截然不同的新陷阱。

首先，我宰殺了一頭母牛，讓牠躺在地上，身旁設置一兩個陷阱，而且刻意留下明顯的痕跡。接著，我將母牛的頭切割下來。對野狼來說，牛頭部位的肉最是難吃，因此大多數野狼都沒什麼興趣靠近。

我把牛頭放在離母牛屍體稍遠的地方，周圍埋設六個有強力彈簧的鋼鐵製捕獸器。一如先前一樣，我小心地將這些捕獸器隱藏起來。當然，這六個捕獸器，我已經事先消除了氣味。

埋設過程中，我在雙手、雙腳（鞋子）及所有器械和工具上，都抹上母牛的血。埋好後，我又在地上潑灑一些牛血，看起來就像是從牛頭流出來的血。那些用來掩蓋捕獸器的沙子，我也刻意用郊狼的毛皮摩擦過。最後，我用郊狼的腳壓在沙地上，製造出許多腳印。

牛頭放在草叢旁邊，頭和草叢間的距離大約是一條小徑的寬度。我挑了兩個最靈敏的捕獸器埋設在這裡，用鍊子將捕獸器和牛頭連接起來。

野狼的習性是聞到風吹來動物屍體的氣味，就會循著氣味走近察看，無論是哪一種動物或任何狀態的屍體，即使牠們不想吃，也會過來探查。我認為科倫帕的這群狼也有此習性，所以這個新策略很可能奏效。

接著就來到重要的部分。我估計羅伯的狼群聞到動物屍體的氣味就會過來，而最初發現母牛屍體旁邊有陷阱的，一定是羅伯，牠會制止其他野狼接近屍體，但不會管牠們靠近牛頭。這可能性很高。因為被丟置一旁的牛頭，看上去像是郊狼不愛吃，所以被扔得遠遠的。這也是我的企圖所在。

布蘭卡！

隔天早上，我第一時間出門察看陷阱。一來到現場，哦，太好了！地面上出現的腳印凌亂異常，牛頭和旁邊的捕獸器都不見了。

這麼顯著的成效令我心情振奮不已。我迅速巡視四周，解讀腳印。

羅伯的確制止了狼群同伴接近母牛的屍體。但是有一

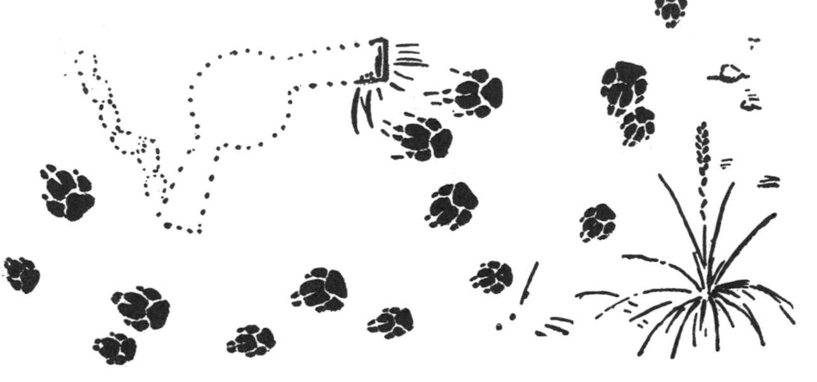

組腳印顯然跑去察看那個被丟得遠遠的牛頭。那是一隻體型較小的狼，牠直接走向了設置在牛頭旁邊那具功能最靈敏的捕獸器。

我和牛仔一起循著腳印追蹤這頭狼。不到一哩（一點六公里）處就發現了那隻倒楣的狼，腳上還夾著捕獸器——果然是布蘭卡。

布蘭卡一看見我們起身就跑，儘管腳被捕獸器夾住，還拖著一顆大牛頭……大約有五十磅（二十二點七公斤）吧，但是牠仍然不停往前跑，企圖甩開騎著馬追趕上來的牛仔。

然而，當布蘭卡跑進岩場，後面拖著的牛角狠狠卡在岩石之間，使得牠再也無法前進。於是我們乘機追上察看。

布蘭卡真是我所見過最美麗的狼了。牠的毛皮如此完美，幾乎是純白色的，還閃著光澤。

布蘭卡與我們對峙，迅速擺出攻擊姿勢。然後，牠發出特有的長嗥，傳遍整個科倫帕河谷。這聲長嗥是牠呼喚同伴的信號，而遠處的方山也傳來老羅伯回應的狂野嗥聲。

可惜，布蘭卡這聲長嗥是牠最後哀鳴，因為我們已經節節逼近，沒有同伴救得了牠，牠只能使盡全部的氣力，自己單打獨鬥。

接著，不可避免的悲劇發生了。

如今回想起這件事，我的悲傷與懊悔遠比當時更為強烈、更加不寒而慄。

我們兩人分別拋出繩圈，套住在劫難逃的布蘭卡的脖子，然後騎上馬，拉著套繩往相反方向前進。

布蘭卡的口中湧出鮮血，眼神怒瞪發亮。牠的四肢先是僵直，隨後便垂了下來。

我們將死去的野狼搬上馬，向科倫帕的狼群炫耀這首次的致命一擊，齊聲歡呼，揚長而去。

身中埋伏的布蘭卡（攝影／西頓）

羅伯的嗥叫

在悲劇發生的整個過程，以及騎馬回程的路上，我們不斷聽見羅伯從遠處傳來的一聲聲長嗥。

羅伯在遙遠的方山尋找著布蘭卡。牠沒有拋棄布蘭卡，但是牠很清楚跟人類對抗也救不了布蘭卡。槍的可怕印象深植羅伯心中，對於我們的接近，牠只能帶著恐懼遠遠觀望。

那一整天，連續好幾個小時，我們都聽見羅伯邊走邊呼喚布蘭卡的嗥叫。我終於忍不住對其中一名牛仔說：「我知道布蘭卡一定就是羅伯的妻子，絕對是這樣。」

天色漸暗，羅伯回到牠的獵場——那個熟悉牧場所在的河谷。我會知道的這麼清楚，是因為羅伯的嗥叫聲愈來愈近了。羅伯的叫聲流露出悲傷的音調，那不是精神抖擻、隨時備戰的嗥叫，而像是又深又長的嘆息。

羅伯不停呼喊著「布蘭卡！布蘭卡！」

當夜色籠罩大地，羅伯來到我們捕獲布蘭卡的地方。牠很快發現了布蘭卡的腳印，然後走向我們處決布蘭卡的現場。我想牠此刻必定心如刀割，那如悲鳴般的嘆息嗥叫教人聽了實在不忍。

牠的嗥叫是我無法想像的悲壯，連平時一貫瀟灑直率的牛仔，聽到也心生憐憫：「野狼這樣的叫聲，我還真沒聽過呢！」

羅伯肯定知道這個地方發生過什麼，因為布蘭卡當時流的血已經染紅了那片土地。

之後，羅伯循著載運布蘭卡屍體的馬蹄印，來到一個大牧場。我猜不透羅伯想在那裡尋找什麼，或打算怎樣替布蘭卡報仇。不過，牠在那裡找到了報仇的對象。

羅伯找上屋外那隻倒楣的看門狗。這隻狗在距離房子不到五十碼（四十六公尺）的地方被咬得稀巴爛。隔天早上，我只看見羅伯的腳印，我推測羅伯並沒有和同伴一起行動，牠孤身上路。

單就腳印判斷，羅伯完全顧不了危險，只是漫無目的地亂闖，那是牠從未有過的異常舉動。話說回來，同伴被抓導致羅伯這樣的反應，正是我原本所期待的。這是抓羅伯的大好機會。

我在牧草地布置了更多陷阱。沒多久，我確定羅伯曾被其中一個捕獸器夾住。只是牠力大無窮，竟然將捕獸器掙脫，棄之一旁。

從一連串行動看來，我判斷羅伯如果沒找到布蘭卡的屍體，是不會善罷甘休的。而且，羅伯已經不太能對危險有所察覺。我決定趁牠現在的混亂狀態，使出渾身解數，展開獵捕。

經過縝密的思考，我赫然發現，當初不該殺了布蘭卡。如果留布蘭卡一個活口，說不定當晚就順利逮到羅伯了。

我請科倫帕的朋友幫忙，收集了一百三十具強力的鋼鐵製捕獸器，埋設在所有通往科倫帕河谷的小路，並以四具一組縱向排列的形式布置陷阱。

按這種排列方式，野狼若是一隻腳被夾中，倉皇下也會踩到其他捕獸器。一旦四隻腳都被夾住，便是插翅也難飛了。我將所有捕獸器都綁在原木上，埋進土裡。

埋設陷阱時，我將挖出來的雜草、小石子和沙土等雜質小心翼翼地鋪在毯子上，等到將捕獸器和原木放入洞裡後，再原原本本地回填。接著，我和平常一樣將地面鋪平，不留一絲動過手腳的痕跡。

布置好陷阱後，我拖著可憐的布蘭卡屍體到處走，讓埋設陷阱的地方都沾染上布蘭卡的氣味。然後擴大範圍，將屍體拖行牧場一周。最後，再用布蘭卡的腳，在四具一組的陷阱之間做出明顯的腳印。當然，我沒忘了仔細檢查陷阱設置的所有細節。傍晚，天色漸暗，我得意洋洋地回到牧場的石砌小屋，等待結果揭曉。

那天晚上，我裹著毛毯睡覺時，彷彿聽見附近傳來老羅伯的叫聲，但我不敢確定。

隔天我騎馬察看陷阱。無奈陷阱範圍太廣，埋在倫帕河谷北邊的陷阱還有好幾處還未來得及察看，也沒有發現值得記錄下來的情況，天色就暗下來了。我只好草草收工。

吃晚餐時，牧場的牛仔說：「今早我聽見北邊河谷有牛群騷動。聲音很吵，我想那邊的陷阱可能抓到什麼了。」

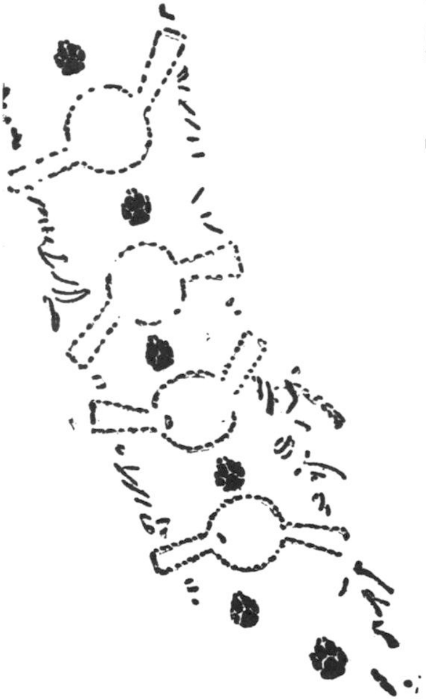

我隔天馬上去他說的那個地方察看。一接近那裡，就看到一頭身型巨大，毛色銀灰交雜的野狼站起身來。沒錯，那正是稱霸科倫帕的狼王羅伯，牠無所畏懼地表明了身分。牠的四隻腳都被捕獸器夾住，想逃也逃不了。這隻可憐的獵食老手終究沒有放棄尋找心愛的布蘭卡，才會被布蘭卡的氣味引誘，落入陷阱。

四具強力捕獸器牢牢夾住牠的腳，所向無敵的羅伯再也無計可施。羅伯周圍有許多牛的腳印，看來有一大群牛曾包圍這個落難的君主，並且狠狠羞辱了牠。

落入陷阱的羅伯（攝影／西頓）

眺望遠方的清澈眼神

被捕獸器夾中後，羅伯躺了兩天兩夜。看來牠為了掙脫捕獸器，已將力氣消磨殆盡。但是當我一走近，他馬上豎起鬃毛站起來低吼，並且發出低沉深遠的長嗥。

那是牠向狼群同伴求助的聲音，同時也是以狼群老大的身分，對成員發出「全部集合」的信號。但是，牠沒有收到半點回應。在這個生死關頭，羅伯只能靠自己抵抗了。

羅伯用盡力氣爬起來，死命想衝上前咬我。然而，牠四隻腳上、每個重達三百磅（一百三十六公斤）的捕獸器，就像腳鐐一樣限制了牠的行動。四個捕獸器的鐵箍牢牢咬住牠的

腳，怎樣都掙脫不了，況且捕獸器還用鐵鍊拴在原木上，被牽制的身體根本無處施力。

羅伯應該曾想用尖牙狠狠咬斷那無情的鐵鍊吧！我大膽伸出來福槍的槍桿，羅伯便立刻撲咬上來，在槍桿上留下深深的齒痕。這個齒痕至今都還留在我的來福槍上。

羅伯的眼睛閃現綠光，燃燒著滿腔憎恨與憤怒，牠張開大嘴想噬咬我和那匹早已嚇壞的馬兒，牠嘴裡的牙齒因咬不到東西而發出詭異的喀喀聲。最後，飢餓、與捕獸器的搏鬥，以及因受傷而失血，終於讓羅伯筋疲力盡。牠雖然對著我們齜牙咧嘴，但在體力消耗大半的情況下，不一會兒功夫就累得趴在地上了。

現在，我準備對羅伯做的，是牠過去對許多牛隻做過的事。但此時此刻，我有些話想對羅伯說。

「親愛的、偉大的、無法無天的朋友啊。發動過上千次突襲，躲過上萬次危機，生存至今的朋友啊。幾分鐘之後，我就要把你變成沉重的屍體，送給禿鷹享用。啊，怎麼會這樣！我竟然別無選擇。」

我低吼一聲，揮舞著套繩朝著羅伯投擲過去。可惜力氣不足，而且羅伯也還沒被我征服。就在繩環即將套上牠的脖子時，羅伯突然張嘴一咬，一瞬間，堅韌的繩索硬生生被咬斷，無力地垂在腳邊。

當然，我還有最後的手段——來福槍。但是我不想在羅伯那身英

氣挺拔的毛皮上留下傷口。我轉身返回營帳找來一名牛仔，帶來了新的套繩。我們先丟出一根短棒讓羅伯咬住，並且搶在短棒被牠從口中拋出前，再度投出套繩，一舉套住牠的頸部。

然而，在羅伯銳利的眼神還沒失去光輝之前，我改變了主意。我喊住同伴：「不，等一下！不要殺羅伯。我們留牠一口氣，帶牠到營帳去吧！」

現在羅伯已經完全無力，我們讓牠咬住短棒，抵在牙齒後方，再用粗繩從下巴綁起來，將短棒固定住。短棒和繩索牢牢封住羅伯的嘴巴，讓牠再也不能傷害敵人。

這回，當牠發現連嘴都張不開時，便不再抵抗了。牠不吼不叫，只是冷冷看著我們，好像在說：「好吧，你們總算是逮到我了啊。事到如今，我也隨你們處置了。」

自此之後，羅伯再也不理睬我們。

我們把羅伯的四肢綁起來，牠也不聲不響，連頭都懶得動一下。我和牛仔費了好大的勁才合力將羅伯搬上馬背，羅伯的呼吸宛如沉睡般安靜，而牠的眼神再度變得清澈，閃閃發亮。當然，牠的視線不是向著我們，而是對著聳立在遠處、那處雄壯的方山。

那裡已經不是羅伯的王國了。雖然昔日同伴還生活在那裡，但威震四方的羅伯狼群再也不存在了。我們騎著馬前進，即使已經走下小路前往河谷，羅伯的視線依然停留在那片方山，直到河谷的岩壁遮蔽了牠的視線。

與心愛的伴侶在一起

我們慢慢往回走，平安抵達牧場。我們將羅伯卸在牧草地，套上項圈，將鐵鍊拴在木樁上，然後把繩索解開。

這是我們第一次近距離端詳羅伯，才明白許多有關羅伯的謠傳，全是子虛烏有。

過去有人說，羅伯頸部的毛皮有一圈像是衣領般的金色圓環，其實根本沒有。還有人說羅伯與撒旦結盟的證據，就是牠的肩上有個顛倒的十字架圖案。當然，這個圖案也不存在。

牠身上的確有些特徵，但並非那種毫無根據的標記，而是在臀部有一個很清楚、很大一塊的傷疤。如果當地人的說法可信，那是羅伯在與塔納利的帶頭獵狼犬朱諾對戰時，被朱諾的尖牙給咬傷的……在科倫帕河谷的沙地上，朱諾被羅伯咬住，臨死前奮力一擊咬中羅伯，留下了這個疤痕。

我把肉和水放在羅伯身邊，但是牠一點兒也不感興趣。羅伯的胸部平貼在地面，靜靜地趴著，黃色眼睛的視線依舊越過我，望向遠處隱約可見的河谷口。谷口的另一邊，有一片廣大的草原……兩天前，那裡還是羅伯的王國。

我向羅伯揮揮手，牠一動也不動。日落了，牠仍然凝望遠方的平原。

我猜想，入夜後，羅伯就會召喚同伴救援，因此嚴加戒備。但是，羅伯四隻腳夾著捕獸器，既逃不掉也不能咬人，當牠面臨最大危機時，的確曾經呼喚過同伴，然而，在生死關頭，狼群竟沒有一個同伴回應羅伯的呼喊。

那一夜，羅伯不再發出召喚同伴集合的長嗥了。

無力的獅子，被剝奪自由的老鷹，失去摯愛的鴿子……牠們只有死路一條，因為失意和絕望徹底摧毀了牠們的心。倘若如此，一口氣承受這三種痛苦悲劇的羅伯，即便曾是殘虐勇猛的盜賊，誰還認為牠能繼續活下去？

我只知道當黎明來臨，天色漸亮，羅伯還是趴著保持原來的姿勢，但牠的靈魂已經離開了。

親愛的、偉大的狼王羅伯，已經死了。

我將羅伯頸部的鐵鍊卸下，一名牛仔過來幫我一起將羅伯抬進倉庫。倉庫裡安放著布蘭卡的屍體。

我們將羅伯抬到布蘭卡身邊放下來。

牛仔說：「羅伯啊，你為了布蘭卡不惜一死，這裡就是你的歸宿。其實，你只是想和心愛的伴侶在一起啊！」

LOBO
REX
CURRUMPÆ

和飛鼠老師一起讀《狼王羅伯》

【動物記QA小百科】

我們向飛鼠老師請教了關於這個故事的背景。
飛鼠老師是這本書的編譯者和知識解說者——今泉吉晴教授，
也是研究動物生態的專家喔！

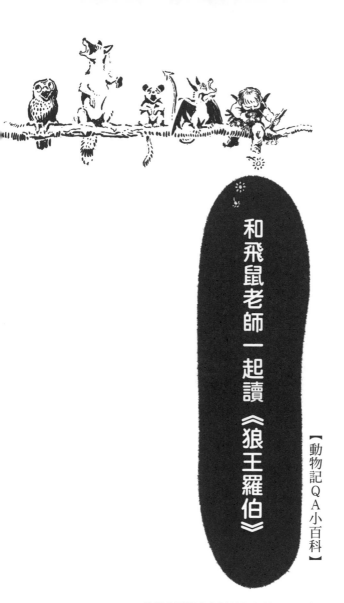

Q 真的有「羅伯」這隻狼嗎？

狼王羅伯》是西頓觀察到羅伯的智慧、勇氣，以及對狼群伙伴的關懷之後，才撰寫成的故事。科倫帕的居民都管羅伯叫「Old Lobo」。英語的「Old」這個字，一般都是指古老、上了年紀的意思，但這裡則代表經驗豐富、尊稱的意思。而Lobo是西班牙文的「狼」，這裡用來暱稱特定狼群的首領。

許多人（包含西頓自己）都證明這個故事是根據事實寫成的。最近的一個例子是二〇〇八年英國BBC電視臺播出的紀錄片《改變美國的狼》。節目中，動物學家大衛・艾登堡祿表示，羅伯的事蹟是

根據許多人見證的事實。他說，羅伯的智慧與對夥伴堅定的忠誠，改變了西頓對狼的看法。

西頓認為，懷有殺意的人類理性比動物的天性本能更可怕，並主張動物和人一樣擁有感情，兩者只是物種不同而已。羅伯的故事打動了許多讀者。〈狼王羅伯〉首次於一八九四年刊登在美國的《斯克里布納雜誌》（*Scribner's*）上，引起全世界的熱烈迴響。

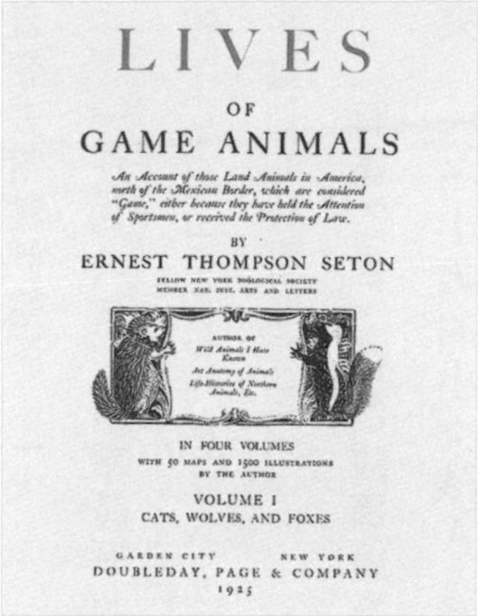
LIVES
OF
GAME ANIMALS

An Account of those Land Animals in America, north of the Mexican Border, which are considered "Game," either because they have held the Attention of Sportsmen, or received the Protection of Law.

BY
ERNEST THOMPSON SETON
FELLOW NEW YORK ZOOLOGICAL SOCIETY
MEMBER NAT. INST. ARTS AND LETTERS

AUTHOR OF
Wild Animals I Have Known
Art Anatomy of Animals
Life-Histories of Northern Animals, Etc.

IN FOUR VOLUMES
WITH 50 MAPS AND 1500 ILLUSTRATIONS
BY THE AUTHOR

VOLUME I
CATS, WOLVES, AND FOXES

GARDEN CITY NEW YORK
DOUBLEDAY, PAGE & COMPANY
1925

西頓根據紀錄所撰寫的科普書《動物的狩獵生活》（全四卷）之書名頁

俄羅斯作家托爾斯泰曾經盛讚：「這是我讀過最棒的野狼故事！」美國動物學家威廉．荷納迪也說：「我真想去幫牠們挖洞！」

一八九八年，西頓最早的一本動物故事集《我所知道的野生動物》（*Wild Animals I Have Known* 臺灣譯為《西頓動物記》）出版，便將羅伯的故事收錄其中。

有趣的是，這個故事廣為人知後，兒童讀者的信件如雪片般飛來。一名十歲的小女孩A．S寫信說道：「西頓先生，我要告訴你，我覺得你是個差勁、卑鄙又殘酷的人。你竟然殺了那麼優秀的狼王，真是冷酷無情。這就是我對你的感覺，再見！」

《狼王羅伯》就是這樣一部能引發作家、科學家、孩子們等眾多讀者共鳴的迷人作品。

艾登堡祿說，這部作品讓美國人開始關注「狼」，以及牠們所象徵的原本美好的大自然，也改變了美國人開發至上的態度。

西頓在故事中寫道，起初聽人提起羅伯的事，他還不相信世上真有那麼聰明的狼。為了查證事實，他實地走訪新墨西哥的克萊頓，才知道真的存在著獵人怎麼也獵捕不到的六隻以羅伯為首的狼群。

西頓先畫下羅伯的足印，測量腳印的大小，確認與其他狼隻的差異，以便隨時能辨認出羅伯來。

不過，更有確切的證據顯示，像羅伯這樣聰明的狼其實數量不少，特別是十九世紀末（約一八九〇年代），在廣大的北美大陸上，有許多狼隻的活動被記錄了下來。而西頓也搜集整理了這些文獻紀錄。下一頁列舉的紀錄，說明了部分狼隻分布。

在美國拓荒時代，各地都出現過智慧過人的狼，羅伯的故事描述的只是牠們其中的一員，一隻個性獨特的狼的故事，也是眾多史實的佐證之一。

野狼英雄榜

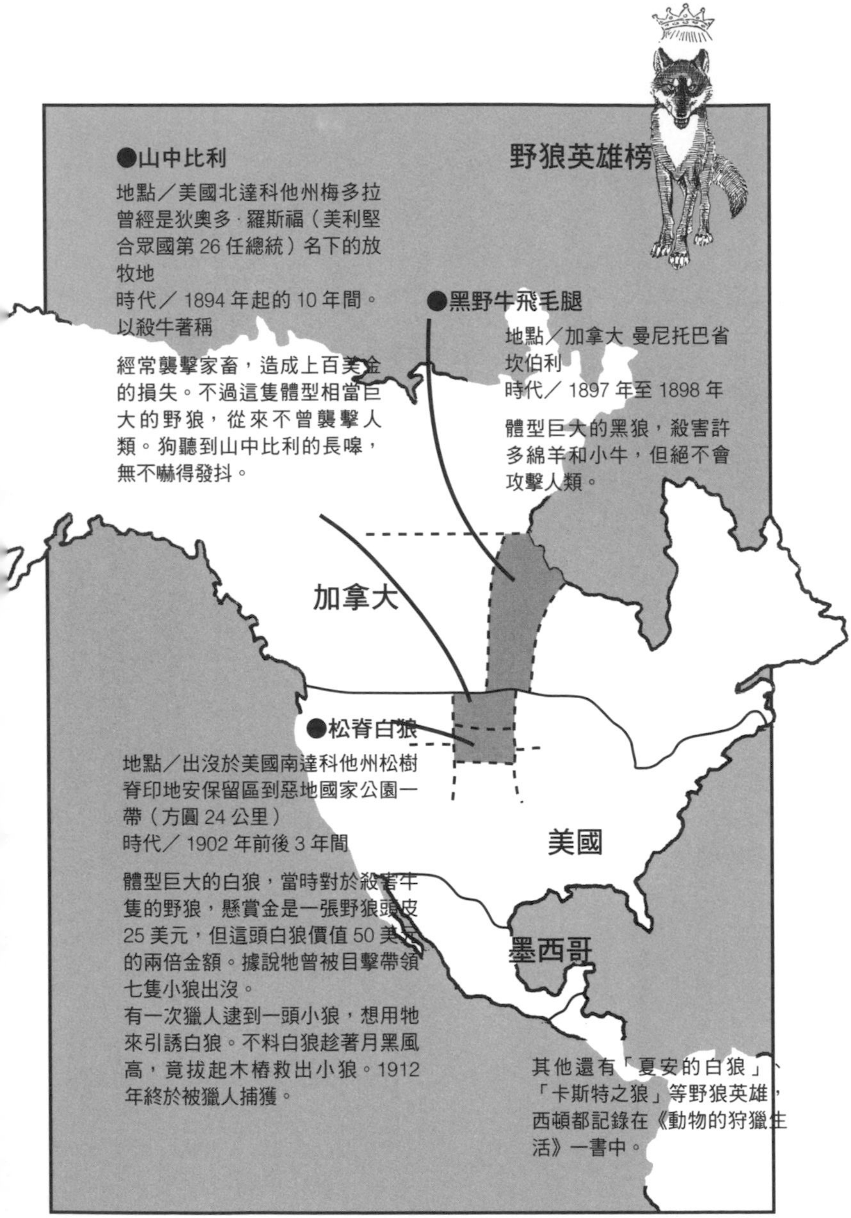

●山中比利

地點／美國北達科他州梅多拉

曾經是狄奧多·羅斯福（美利堅合眾國第 26 任總統）名下的放牧地

時代／ 1894 年起的 10 年間。以殺牛著稱

經常襲擊家畜，造成上百美金的損失。不過這隻體型相當巨大的野狼，從來不曾襲擊人類。狗聽到山中比利的長嗥，無不嚇得發抖。

●黑野牛飛毛腿

地點／加拿大 曼尼托巴省坎伯利

時代／ 1897 年至 1898 年

體型巨大的黑狼，殺害許多綿羊和小牛，但絕不會攻擊人類。

●松脊白狼

地點／出沒於美國南達科他州松樹脊印地安保留區到惡地國家公園一帶（方圓 24 公里）

時代／ 1902 年前後 3 年間

體型巨大的白狼，當時對於殺害牛隻的野狼，懸賞金是一張野狼頭皮 25 美元，但這頭白狼價值 50 美元的兩倍金額。據說牠曾被目擊帶領七隻小狼出沒。

有一次獵人逮到一頭小狼，想用牠來引誘白狼。不料白狼趁著月黑風高，竟拔起木樁救出小狼。1912 年終於被獵人捕獲。

其他還有「夏安的白狼」、「卡斯特之狼」等野狼英雄，西頓都記錄在《動物的狩獵生活》一書中。

Q「科倫帕」是什麼意思？

我一開始把科倫帕（Currumpaw）念成卡倫坡（過去翻譯《西頓動物記》的譯者，幾乎都念成卡倫坡）。

《狼王羅伯》故事的開頭，介紹了科倫帕高原的水源孕育這片大地的奇景，令我印象深刻。明明是半沙漠的乾燥地帶，卻滋生一片綠地，而且到處都有家畜和野生動物。這段夢幻般的描述，讓我對「卡倫坡」這個字的意思產生了好奇。

原本英語結尾的三個字母是paw（發「坡」的音），有動物腳掌的意思。但是我看西頓描繪羅伯的畫作上寫著Currumpæ，所以聯想到字尾的paw可能不是指動物的腳掌。我懷疑這個字的發音可能不是卡倫坡。

為此，我特地去了新墨西哥，實地看看科倫帕河，並且採訪當地居民，也考察了克萊頓博物館，又跑到郡政府單位調閱詳細的地圖。

平時沒有水的乾河床

野牛的背景是一片方山*

＊「方山」（mesa）原是西班牙文「桌子」的意思，這裡指的是熔岩區被風雨侵蝕形成的臺地地形。

經過仔細的調查，我發現這個字原來不是英文，而是美洲原住民所取的河流名稱（寫法就如同西頓所寫，它既是高原之名，也是地區之名）。寫成 Currumpaw 和 Currumpæ 都可以，不過現在大多拼成 Corrumpa。因此，我覺得翻譯時不應譯成「卡倫坡」，而應該譯成「科倫帕」比較貼近。

我還得知科倫帕是「內陸」或是「野生」的意思。科倫帕河從高聳入雲的格蘭德山東側山腰泉湧而出，這就是這片土地雖然是半沙漠狀態的乾燥地帶，卻仍保有盎然綠地的原因。

這裡也是北美大陸最後殘存的野牛棲息地之一，可以說是北美大陸保留最多野生動物的地區。換句話說，西頓是為了向世人傳達原住民取名的意義，才會沿用「科倫帕」這個名稱。

Q 西頓曾住在科倫帕的哪裡？

一八九三年十月二十二日，西頓於晚間抵達克萊頓。克萊頓是以克萊頓車站為中心而發展的小鎮。位於水源附近的克萊頓車站，於一八八七年興建完成。這裡的人口有四百人，是猶尼昂郡的郡治，也是周邊牧場牛隻的集散地。

頭兩天，西頓住在鎮上唯一的一家旅館「克萊頓之家」，他在旅館後方觀察沼澤地的動物，而沙漠特有的走鵑和草原犬鼠，也深深吸引他的目光。例如，他注意到草原犬鼠有群聚成「聚落」棲息的習性。西頓之所以說是「聚落」，是因為他觀察到各巢穴相互距離約十

五公尺，而這些巢穴之間的關係，是緊密的社會結構，並不只是距離近而已。

住在旅館的兩天裡，西頓最大的收穫，就是在車站附近觀察綿羊群往家畜搬運車移動的作業。在寬闊圍欄裡的綿羊中，有一隻

草原犬鼠（俗稱土撥鼠）

山羊用來充當牧羊犬，負責將綿羊群趕上家畜搬運車。

西頓特別注意這隻「牧羊犬」的行動。當綿羊主人大喊「快！比利！」山羊一聽到指令，立刻跑進羊群中領頭，把綿羊一隻隻趕上搬運車。等綿羊都上了車，牠又折回原處待命。短短一段時間，山羊就成功將三千頭綿羊趕上了兩層高的家畜搬運車。

西頓與他的雇主（L×F牧場的管理者H·福斯特）取得聯繫，談妥落腳的地方。他決定住在牧場另一個閒置的小石屋，這個小屋位

在牧場主屋的西南方，約七哩（十一公里）的地方。

西頓在小屋安頓好後，每天仔細打掃小屋周圍的沙地，好在隔天能清楚觀察動物們留下的腳印。大至牛隻，小至鼠袋鼠，西頓逐一畫下各種動物的腳印。

其中令西頓感到特別開心的，是他與截尾貓*的初次相遇。小時候他曾經在多倫多看過外型很像截尾貓的大山貓，自那時起，他便深深為之著迷。從腳印看來，這隻截尾貓還很年輕，沒什麼捕獵經驗。牠應該是看到臭鼬喜出望外，撲上前想一舉捕獲獵物，但經過三回合纏鬥，竟讓臭鼬給逃走了。

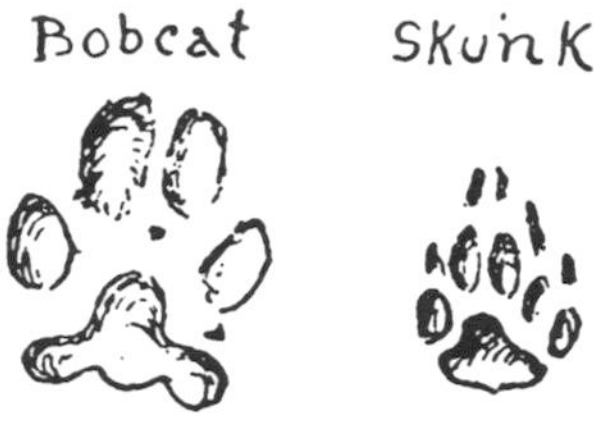

短尾貓（左）與臭鼬（右）的腳印

西頓以科倫帕的L×F牧場為中心，

騎著馬四處走訪，調查這個地方的地形和動物。

他的嚮導是獵人威廉．亞倫。一八八九年，亞倫成為追趕此地最後一群野牛的牛仔。他是當地最厲害的擲繩高手，也擅長用槍。西頓在日記中常提到亞倫（《狼王羅伯》中也曾經出現這個角色，只是沒有指名道姓），例如這段敘述：

「一八九三年十二月十九日，亞倫在培利科（克萊頓車站西邊的舊聚落）帶來

發現臭鼬後十分驚喜的截尾貓。

西頓觀察腳印後，將推測的情景描繪出來。

一隻走鵑，說是用子彈「輕輕擦過」牠的頭。這隻鳥看不出一點外傷，可以製成上好的標本。亞倫說，這隻走鵑飛到他的帳篷附近，像公雞似地抬頭翹尾兜圈子。亞倫還看到牠在附近用翅膀支撐著爬上樹梢。」

西頓跟著亞倫和他的朋友們學習牛仔的特技。他學會騎在馬背上投擲套繩捕捉獵物。人們對著牛隻投擲套繩，是為了在牛身上蓋上牧場的烙印*。他還和牛仔趕著牛群在廣袤的牧地中旅行，走到哪裡便就近投宿在他人的牧場家中。每到夜晚，他總是熱切地傾聽這群與大地最親近的牛仔，訴說著一個又一個精采的故事。

*截尾貓是身長約一公尺左右的大型野貓，但是尾巴只有十六、七公分。
*例如LXF牧場的家畜，就烙上LXF的標誌，這稱為「名牌」，也是現今商標的起源。

Q 西頓怎麼知道羅伯的故事？

一八九二年五月，西頓正要從巴黎返回紐約時，遇見了維吉尼亞·費茲藍道夫。他們最初在巴黎就認識了。維吉尼亞說，在他父親新墨西哥的牧場有一隻叫「羅伯」的狼，常常領著狼群出沒。回國後，西頓再次聽維吉尼亞的父親路易斯說起羅伯的事蹟，便決定接受路易斯的邀請到科倫帕高原，找尋對付羅伯的方法。

不過，直到隔年（一八九三年）的十月二十二日，西頓才動身前往科倫帕高原。換句話說，西頓接受邀約後，並沒有立刻前往當

「野牛風正在吹來」。西頓用這幅畫表現渴望回歸大自然的心情。
「野牛風」是指原住民族所期盼在春天吹來的第一陣風。

地，反而還在紐約工作了一年多的時間。

另一方面，他在《狼王羅伯》中寫到遠赴科倫帕之前的心情：「厭倦了都市的工作，我想改變。」說明他想回到自然的懷抱，想在野外觀察動物的心願。

西頓回紐約之前曾在巴黎畫畫，那就是他所謂的「都市的工作」。有一次，他到羅浮宮美術館觀賞大師的傑作，突然發現自己並不適合「為畫而畫」的藝術家生活。他所謂「厭倦了都市的工作」也包含了在巴黎的兩年生活。

而再往回推算，他為了存錢而去巴黎學畫，在多倫多工作的三年間，都算是在都市工作。《狼王羅伯》中所言：「受不了大都市的生活，一心只想到西部去。」就是指他前後在多倫多、巴黎、紐約等地，這五年多來在都市生活的心情。

雖然西頓在巴黎體認到自己不適合畫家工作，但一時間也不知道接下來該做些什麼，只是隱約有個念頭，期待去一個充滿大自然的環境，或許可以找到答案。

他反覆考慮了一年多，終於接受路易斯的邀請，決定到西部生活，同時獵捕羅伯。他相信科倫帕高原會是個美好的地方——我能想像他是帶著這樣的心情出發的。

Q 美國西部和東部有什麼不同？

在美國的拓荒時期，西部還保留著原始的自然景致，東部則出現了農地和牧場，並且開始形成城鎮（文明化）。但是，那片所謂原始的自然景致，其實都是原住民生活的土地。

一八六六年，西頓六歲時與雙親從英國移居到了當時的加拿大西部（所謂「新天地」）。他們在安大略省林賽（Lindsay）買了一百英畝（四十公頃）的土地，當時那兒已有部分開墾的農地，還附帶幾間小木屋。

當地的農場都是砍伐森林建造而成的，四處遍布砍下來的樹

西頓的父親在林賽所建造的房子

木，廣大的農場腹地還保留著原始森林和小河。換句話說，西頓的孩提時代，便是在這片從自然變成農場的新天地度過。

二十一歲的西頓離開多倫多的美術學校後，隔年便搬到曼尼托巴省坎伯利的農場。他的大哥亞瑟在北美大平原開墾了一處一百六十英畝（六十五公頃）的農場，儼然又是另一個西部新天地。

西頓六歲到二十一歲的十五年間，北美洲的拓墾工程一路往西，已經前進了一千兩百公里。也就是說，西部已經向西展開了一千兩百公里的距離。

然而，真正改變西部大自然生態的，並不是拓荒者。在拓荒地四

西頓在開墾地親手打造的小屋

周的北美大平原上，四處可見美洲野牛的頭骨。西頓原本期待親眼見到活生生的野牛，但是到了當地，卻一頭也不見蹤影。因為早在拓荒運動開始前的好幾年，獵人已經將美洲野牛趕盡殺絕了。

事實上，在西部拓荒時期，北美大陸最主要的產物就是動物的毛皮。獵人捕獲河狸和黃鼬取下的毛皮，大多會出口到歐洲。在獵人把動物捕光之後，拓荒者才進到北美大平原開墾、建立農場。

在大西部這片土地上，還發生過拓荒者與原住民的戰爭。軍隊屠殺原住民，或將他們限制在居留地生活，以方便拓荒者來此地蓋農場，卻沒有意識到西部本來是原住民與大自然共存的另一個世界。

西頓認為原住民與大自然共存的智慧和技術，對人類發展有極為重要的意義。他原本在距離哥哥農場往西三百公里的薩斯喀徹溫省買下了土地，準備打造自己的農場，但後來決定不開墾，寧願保留原本自然的風貌。

他在曼尼托巴的農場附近的桑德丘，結識了原住民獵人查斯卡，此後便跟著查斯卡學習觀察大自然與動物的方法。

原住民獵人查斯卡

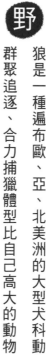

Q 灰狼是一種什麼樣的狼？

野 狼是一種遍布歐、亞、北美洲的大型犬科動物。牠們的特徵是群聚追逐、合力捕獵體型比自己高大的動物，同時也很擅長像貓一樣悄然接近獵物。

一般都認為狗是「家畜化」的狼。換句話說，狗和狼是同一物種，所以西頓稱狼為「大型的野狗」。狼的習性大致和狗一樣，但有幾處重要的差異，例如尾巴：狗的尾巴向上高舉，而狼的尾巴則是往下垂的。

不過，更大的不同點在於性格。西頓發現狼的配偶關係會維持一

灰狼。根據西頓的說法，美洲狼也稱作「東部森林狼」、「布法羅狼」或「墨西哥狼」等。

輩子，他寫道：「狗在交配時沒有特定對象，但是狼卻很忠誠」。

換句話說，狼的習性是一夫一妻，共同養育孩子，建立緊密的家族關係。

初春是狼的交配期，母狼的懷孕期是六十三天（與狗相同）。母狼會先找好巢穴待產，到了春天可以生產約三到十三隻幼崽，通常是六、七隻。在幼狼還小時，公狼除了出外覓食，同時也會幫母狼照顧小狼，並在巢穴附近找地方監看，保護巢穴的安全。

值得一提的是，同胎出生的狼和狗有一項共同令人玩味的特徵，那就是每隻小狼的個性都不同。西頓說，有的小狼強勢大膽，有的則膽小謹慎。

狼的這項特徵在許多動物身上都看不到，例如狐狸。這是為什麼呢？應該是有利於長大後，能直接成群過團體生活。反觀同胎出生的狐狸，因為每一隻都性格強勢，長大後更是水火不容，所以只能分散行動，各自生活。

小狼的天敵是老鷹。西頓寫道：「老鷹常常會捕抓在巢穴附近玩耍的小狼。」他在科倫帕就記錄了包含白頭鷹在內的幾種常見的鷹。探險家山繆．赫恩（Samuel Hearne）曾說：「我看過好幾次印地安人鑽進狼的巢穴，把小狼帶出來玩……他們在小狼的臉上塗滿紅色顏料。玩完後，又將牠們放回巢穴。」

到了夏天，小狼會走出巢穴和父母一起行動，也會跟著父母打獵，但一歲的小狼還太過稚嫩，大概要十八個月左右才能完全成長獨立。在還不太能獨當一面的時期，小狼必須認知到人類是危險的敵人。但是，像羅伯的狼群那樣一天到晚被人類攻擊，就知道年輕的狼要成長到能夠自立的程度，倒也不是一件容易的事。

狼群基本上是家族成員，超過三十隻的大型狼群在冬季比較常見。那樣大型的狼群通常是由好幾個家族

白頭鷹

組成。有時，大狼群身後會跟著規模較小的狼群，小狼群就撿拾大狼群吃剩的食物果腹。

如此看來，石器時代以打獵維生的人類，或許也有這種零星的狼群跟在後面撿食。動物行為學家康拉德．勞倫茲（Konrad Zacharias Lorenz）就主張，當狼群與人類所建立的這種關係愈來愈密切，到後來就促進了狗的家畜化。

在西頓的時代，有學說極力主張北美的狼與其他地區的狼是不同物種，也就是說，美洲狼被看作是一個獨立物種。

西頓說的「灰狼」就是這種美洲狼的別名，這當然不是西頓隨便取的名稱，許多美國人都管狼叫灰狼，西頓只是尊重並而沿用這個名稱罷了（灰狼的毛色不一定是灰色，還有白、黑、茶色等顏色，變化繁多）。

Q 西頓是美國人嗎？

西頓生於一八六〇年八月十四日。他的母親名叫愛麗絲・湯普森；西頓的父親約瑟夫・湯普森，曾經是英國港灣小鎮南希爾斯的船主。西頓最初的名字是厄尼斯特・伊凡・湯普森。他的家族原本是蘇格蘭的流亡貴族，本姓西頓。

西頓恢復祖先的姓，他為《世紀辭典》所畫的許多插圖中，署名正是E.E.T.Seton，亦即厄尼斯特・伊凡・湯普森・西頓的縮寫。後來他去掉這個名字中的第二個E，變成厄尼斯頓・湯普森・西頓這個名字。

西頓最早對野狼感興趣，是因為聽了「小紅帽」與「大野狼與七隻小羊」的童話故事。西頓雖然喜歡這些故事，但他覺得野狼並沒有什麼不對。他在自傳中寫道：「野狼吃別的生物是很正常的事，我不懂為什麼牠們總是被當成壞傢伙。」

坐在山間小屋前的西頓，從小就熱愛野外生活。

想法與眾不同的希頓，六歲時舉家搬到加拿大。加拿大的自然資源豐富，可說是野生動物的國度。到了加拿大，西頓第一次從火車的車窗看見螢火蟲，還以為那是精靈。當他發現精靈真的存在時高興得不得了，這讓他想進一步了解動物。

西頓在加拿大盡情享受大自然的生活，也讓他長大後成為了向全世界宣揚大自然魅力的作家。不過，他從事的出版工作，卻位於美利堅合眾國的大都會紐約。

西頓在紐約一邊工作，一邊旅行，一年中幾乎有一半的時間在北美洲大陸各地探尋大自然。在七十一歲的晚年，他決定在最喜愛的城市聖塔菲定居，同時取得美利堅合眾國的國籍。

西頓不承認由人類任意劃定國界而規範出來的國家，他一向主張野生動物的生活是不受國界拘束的。

Q 西頓畫了好多畫，他是個畫家嗎？

西頓曾在加拿大的安大略美術學校與倫敦的皇家藝術研究所接受專業的美術教育。後來他為《世紀辭典》繪製插畫，用這筆酬勞去巴黎遊學，跟著朱利安學院的老師參加「沙龍展」（當時能入選沙龍展的畫家，就代表成就獲得認可），順利入選後，認真地學習成為一名畫家。

然而，有一天西頓在參觀羅浮宮美術館

Arctic Fox (*Vulpes lagopus*).

《世紀辭典》中，西頓為北極狐狸所繪的插畫。

右圖為西頓自畫像（1879 年）。左圖為西頓學畫時的習作，背面寫著「不想畫卻不得已的畫作」。

左圖是鶇，右圖是歌雀。兩者都以悅耳的鳴叫聲出名。
西頓很會模仿鳥叫，曾用鳥叫聲與朋友聊天。

時，突然領悟到一件事：「為藝術而藝術」並不是他所認同的創作理念，他這麼寫道：

「我在美術館看著一件件大師的作品，感受他們無窮的才華與個性……這些強烈的印象，讓我反思自己就像是在挪威栽植椰子樹一般，我發現自己正在做一件遙不可及的事。但是，我就是我，我只要把美洲的松樹悉心照顧好就行了。」

孩童時期的西頓，最羨慕可以在天空自由自在飛翔唱歌的鳥兒。他也很會畫鳥。在多倫多上高中時，西頓立志要上大學研究動物，成為一名動物學家，但是父親卻認為當個動物學家沒有出息，要他成為畫家。

西頓雖然不情願，卻不敢違抗父親的命令，只好暫且聽從父親的安排成為一名畫家。他一邊工作，一邊上安大略美術學校。

〈沉睡的狼〉是西頓於 1891 年入選巴黎沙龍的作品。以自然界的野狼為素描對象，柔順的毛色表現極佳。

美術學校中有許多有名且優秀的畫家老師，其中，夏綠蒂．薛伯（Charlotte Schreiber）很欣賞西頓的才華，每隔幾週就會邀西頓到她的畫室寄宿作畫，專門為他特訓。最後西頓獲得了最高榮譽的繪畫金獎，從安大略美術學校順利畢業。

之後，父親要他繼續接受更專業的訓練，到倫敦的皇家藝術研究所留學。西頓也很爭氣，他申請到七年的獎學金，成為僅有六個名額的特別獎學生之一。

但是，某天西頓在圖書館讀到美國自然哲學家愛默生所著的《論自然》。這本書中寫道：

「自然用最適合自然的方式召喚我們，彷彿在說：『你們（人類）要不要和我們（自然）一起享受美好生活呢？』」

在倫敦生活的兩年中，西頓都覺得都市是個「陰冷的不毛之地」，他非常渴望回到加拿大，徜徉在大自然的懷抱。

西頓領悟到他不是為藝術而畫，他想畫的是自己深愛的鳥兒和大自然。因此，他毅然放棄皇家藝術研究所的學業返回加拿大，藉由在大哥農場幫忙的機會，得償所願地研究大自然。

農場周邊有眾多鳥類和成群的野獸，西頓每天都在附近的桑德沙丘追蹤騾鹿腳印幾十公里，還畫了許多素描，但是賺錢維生仍是一大

〈狼的勝利〉。這幅西頓在 1892 年的得意之作，並沒有受到巴黎沙龍展評審的青睞。

難題。為了成為一名能夠學以致用的專業畫家，他再次赴巴黎進修。然而，去到巴黎的西頓，卻又強烈想念起大自然的生活。

就在這幾度往返當中，西頓終於找到自己真正想做的事。從巴黎回來後，他便前往新墨西哥的科倫帕去看羅伯了。

Q 獵狼犬是一種什麼樣的狗？

在野狼造成威脅的地方，都會飼養一種專門獵捕野狼的犬種，稱為「獵狼犬」。例如俄羅斯牧羊犬（Borzoi）、愛爾蘭獵狼犬（Irish wolfhound）等。

獵狼犬在追逐野狼時，不僅腳程要夠快，還必須有長時間追蹤的耐力。有意思的是，當獵犬開始追逐野狼時，就必須與獵人分開行動，才容易追得上獵物，因此，比起聽從人類的命令行事，獵狼犬更需要自我判斷的能力，具備獨立行動的特性。

此外，獵狼犬也必須擁有足以對抗凶猛野狼的體格和力氣，因此所有獵狼犬的品種都是格雷伊獵犬（Greyhound）與大型犬交配育種而來。

西頓在《狼王羅伯》中就提到塔納利所飼養的獵狼犬。但因為沒有更多具體的線索，我們無法得知那隻獵狼犬是屬於哪一個品種。但是塔納利運用獵狼犬狩獵的方法，的確符合前述兩種獵狼犬的能力與習性。

Q 「新墨西哥」是墨西哥嗎？

新 墨西哥原屬於墨西哥的一個部分，至今仍保留濃厚的西班牙文化氣息。當地牛仔騎馬牧牛的習俗，也是源自西班牙文化。

此外，保存良好的原住民文化，也是這個地方的獨特魅力，例如當地隨處可見大量的土坯（用沙、泥、稻草製成的日曬土磚）房子，便是印地安人特有的建築。

一八四六年，新墨西哥被併入美利堅合眾國，從密蘇里河的沿岸城市富蘭克林往聖塔菲的聖塔菲公路，遂成為重要的交通路線。利用這條要道，牛仔們會趕著半野生牛群到美國東部或是興起淘金熱的西

西頓在聖塔菲的住家是一座土坯建築，占地廣大，聖塔菲當地的正規大學在裡面開設有關原住民文化的課程。

部去販售，他們的工作往往受到矚目。

位於新墨西哥北部的高原，全都靠著源自格蘭德山的科倫帕河提供水源，這條河的重要性從地圖上就能看得出來。鄰近的奧克拉荷馬和德克薩斯州，形狀宛如朝向科倫帕河伸出細長鍋柄般的手。對野生動物、尤其是野牛和騾鹿等需要充足水分的偶蹄類來說，科倫帕河絕對是十分重要的河流。

科倫帕河之所以如此珍貴，正因為它的水源豐富，足夠供給當地一年四季的用水。而這條河水源豐富的原因，在於格蘭德山是一座海拔八千七百二十呎（二千六百五十八公尺）的高山，從墨西哥灣吹來的風，在此形成厚厚的雨層雲，製造了降雨的機會。

在《狼王羅伯》故事的開端，西頓就描述了科倫帕高原綠意盎然的景觀，以及此地棲息的豐富動物生態，凡此種種，無不與科倫帕河息息相關。

Q 人們懸賞捕捉羅伯的事是真的嗎？

一八五四年，亨利・梭羅寫下《湖濱散記》時，美國就已有提供懸賞金捉拿逃亡奴隸的先例。城裡張貼的海報上寫著抓到奴隸一名，就可得到五十美元獎金。

西部拓荒進行得如火如荼之際，西頓也投身拓荒者的行列。當時正值一八八〇年代，人們也經常對偷襲拓殖地家畜的各種動物（例如被稱為「捕食者」的野狼、郊狼、狐狸和熊等）祭出金額不等的捕捉獎金。因為只要埋設捕獸器或毒藥，再多動物都可以擺平，所以雖然抓到單頭動物的獎金不高，但累積起來也是一筆可觀的數目。

就結果來說，偷襲農場和牧場的「害獸」的確減少了。但是，農場和牧場卻沒有就此擺脫動物的侵害。因為原本是「害獸」獵物的野鹿或野兔的數量暴增，變成新的「害獸」，吃光了農田作物和牧草，反而造成更大的損失。

村民紛紛圍住農場和牧場，把野鹿和野兔趕進事先設置好的柵欄，再用棍棒或獵槍撲殺。當時經常有這種「圍剿」行動。

西頓曾引述一則大量撲殺長耳大野兔的紀錄，那是發生在加利福尼亞州聖華金谷的事。

西頓留下許多描繪野狼的畫作。

「撲殺行動結束後，記錄員進行統計。追趕過程中用了三百把霰彈槍，平均一把槍可撲殺五十隻野兔，總共殺了一萬五千隻長耳大野兔。柵欄中的撲殺行動結束後，又運出一萬五千隻屍體，總計有三萬多隻野兔遭到撲殺。」

由此可見，動物之間彼此關係密切，先前野狼等捕食者的存在，其實有效抑制了啃食植物的野兔等「被捕食者」的數量。

然而，經過了一八八〇年代的大量撲殺，人們以為已經近乎滅絕的野狼，到了一八九〇年代竟在北美各地捲土重來。

西頓如此描述這些野狼：「有了之前（一八八〇年代）的經驗，看來野狼已經學會辨認捕獸器和毒餌（槍就更不用說了），聰明地避開危險了。」

這時開始出現專業的獵狼人（Wolfer），以專業技藝賺取高額懸賞金。《狼王羅伯》故事中登場的塔納利，就是一名典型的獵狼人，他原是德州遊騎兵隊*的英雄，擁有優秀的裝備和精幹的獵犬，據說還有助手。

所以，關於懸賞金的傳聞確有其事。

*「遊騎兵隊」是一種在德州還屬於墨西哥管轄時期的民兵組織。主要在保衛拓荒地的安全，以及參與墨西哥戰爭。

Q 為什麼羅伯的狼群只吃牛？

西頓曾說，北美大平原（大草原）上的野狼會攻擊人類畜養的牛隻，是因為白人消滅了野牛。

事實上，在野牛大軍席捲大草原的時代，通常大群野牛後面一定有狼群跟著移動。倘若如此，那麼野狼攻擊牛隻的地方，應該就是過去野牛棲息的地方。

西頓的確是聽了科倫帕大牧場主人路易斯・費茲藍道夫說起羅伯的事，才興起到新墨西哥一探究竟的念頭，但這個想法或許也和野牛有關。當時的大草原，到底有多少野牛棲息呢？

一八八二年，西頓二十一歲時搬到他大哥在曼尼托巴省經營的農場，看見四周的大草原上到處散落著野牛的頭骨。他這麼寫道：

「當時野牛總共少了幾十萬頭吧。一八八五年，在北部已經沒有能稱為『野牛大軍』的牛群了！」

換句話說，短短四年內，野牛就銷聲匿跡了，速度之快著實驚人。問題是，每年有多少野牛遭到屠殺呢？一八三二年，畫家喬治・卡特林（George Catlin）的報告指出，每年有十五至二十萬張野牛毛皮出貨到毛皮市場。西頓推測，製作一張

跟在野牛群後面的狼

毛皮市場販賣的上好毛皮，大約得殺掉十頭野牛，如此算來，就有一百五十萬至兩百萬頭野牛遭到屠殺。

從這個數據估計，整個北美大陸自十九世紀初期開始，每年都有兩、三百萬頭野牛被殺，數量最多是在一八七一年，共有四百五十萬頭犧牲。那麼，野牛的總數到底有多少呢？西頓推測，野牛被殺最多的一八七一年，那時還有一千五百萬頭野牛；而白人還沒進入北美大陸之前，應該有六千萬頭野牛生活在大草原上。

如此龐大的野牛集團幾乎滅絕之際，最後的野牛群又在哪裡呢？美國自然學家威廉·霍納迪（William Temple Hornaday）為此製作了一份詳細的地圖。地圖上指出，最後數十頭牛群約莫分布在北美大陸的三處，其中最南邊的棲息地正是新墨西哥州的北部，也就是科倫帕高原附近。看來，羅伯的狼群很可能也曾經跟著野牛一起行動。

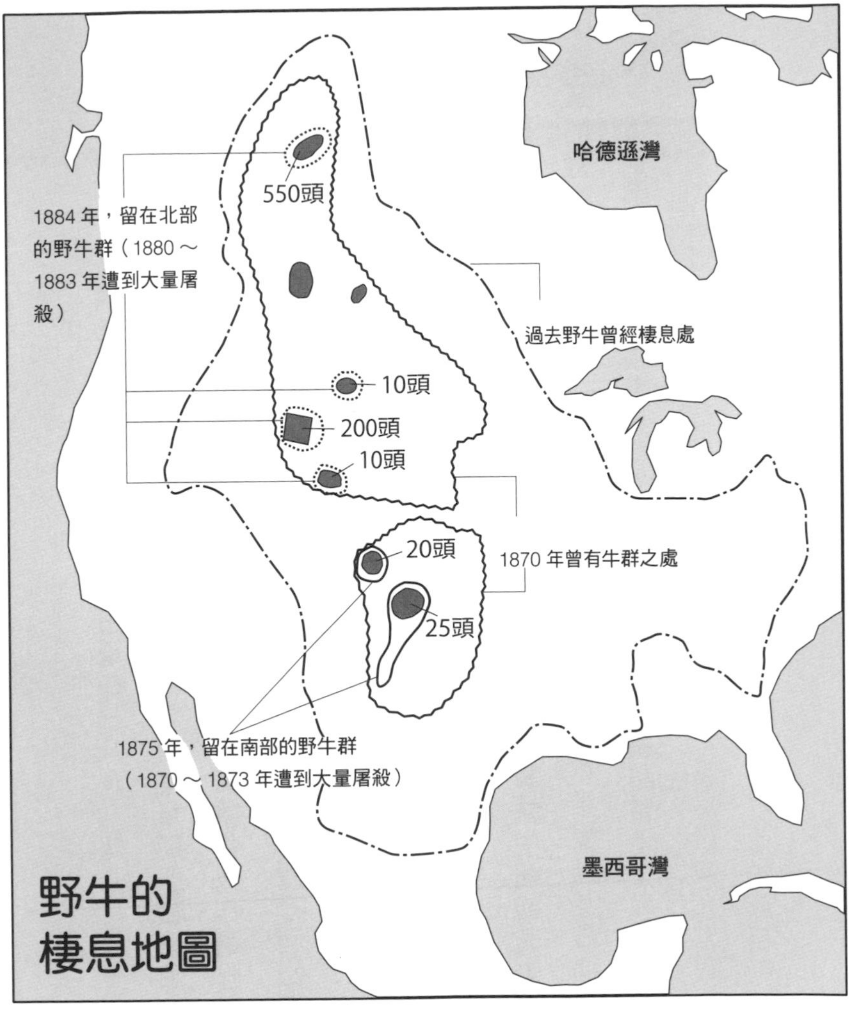

地圖上的數字是 1885 年殘存的北美野牛數量。曾經廣泛分布於北美洲的野牛在十九世紀急遽減少。顯示 25 頭數字的地區，就是包含科倫帕的最後棲息地之一。
此圖是根據威廉．霍納迪的報告〈野牛的滅絕〉（史密森尼學會博物館研究報告／ 1889 年）繪成。

事實上，科倫帕高原最後的野牛群出現在一八八九年八月二十二日。當時目擊的牛仔正是擲繩高手威廉．亞倫，他是幫助西頓獵狼的伙伴之一。西頓遇見羅伯時，羅伯的狼群在科倫帕高原作威作福已有五年之久，而西頓來到科倫帕是一八九三年的事，所以幾乎可以肯定，羅伯的狼群曾經遇見過這群野牛。

如果羅伯狼群曾經遇上野牛群，牠們一定知道不可能像對付普通牛隻那樣，每天都能輕鬆地殺掉一頭牛。因為野牛可以輕易踢死野狼。即便大草原上有成千上萬的野牛，野狼也只能專挑生病或衰老而落單的野牛下手。小牛或許還好對付，但是牠們多半受到父母的保護。這些事情都是西頓來到科倫帕之後，才聽亞倫和當地人說起的細節。

以西頓想要了解野生動物的熱切心情，他會想去科倫帕親自考察地理環境，也是理所當然的。

此外，從故事中讀來，感覺羅伯的狼群似乎只吃牛，但西頓強調的其實是牠們不吃動物的死屍，這樣才不會吃到被下毒的肉。其實故事也寫到，狼群中有一隻號稱「飛毛腿」的黃狼，能夠追上腳程比一般野狼快得多的叉角羚，獵捕之後還會與同伴分食。由此可見，這群狼並不是不吃其他動物。

一般野狼奔跑的速度最快約時速三十二公里，而叉角羚最快能跑到時速五十一公里。西頓藉這個例子提醒我們，羅伯的狼群中竟然有能追得上叉角羚的成員，所以千萬不能用刻板印象來認定自然界中各種動物的習性。

Q 所謂「大牧場」到底有多大？

故事中提到，路易斯．費茲藍道夫所飼養的牛隻曾飽受羅伯襲擊。如今，他經營的L×F牧場早已不復存在，無法得知牧場面積到底有多大。

不過，費茲藍道夫只是買下XIT牧場的一部分，成立L×F牧場自己經營。而XIT牧場正是鄰接新墨西哥州的德州狹長草原地帶上數一數二的大牧場，其中一部分

圖為飼養綿羊的大牧場。畫面中是六萬頭綿羊剃完毛後準備放牧的情形。
圖片來源：《美國鄉村生活》，1904 年 7 月號。

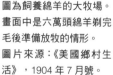

區域甚至跨越了州境，延伸到新墨西哥境內。

ＸＩＴ牧場幅員廣大，東西寬約三十至五十公里，南北距離長達三百公里。牧場的圍欄綿延兩千四百公里，境內有一百座蓄水池，在全盛時期曾經飼養了十五萬頭牛。

但是，一八八六年到一八八七年間，牛隻價格暴跌，加上頻頻發生牛隻竊盜及野狼襲擊事件，導致牧場營運日漸困難，牧場主人只好切割牧場變賣。如今，新墨西哥仍有幾處大牧場還在經營，雖然不及ＸＩＴ牧場的規模，但也相去不遠。

不過，牧場規模有各種計算標準，並沒

有規定非得多大才能稱為「大牧場」。這裡所舉的例子，是為了讓我們知道當時有超乎想像的大型牧場而已。

此外，西頓是為了區分那些私人經營的小型牧場，所以才將雇用多名牛仔的牧場稱為「大牧場」（亦即東部實業家所經營的牧場）。

西頓住的小石屋也屬於私人小型牧場中的小屋。那段時日，他曾充分體會到在大牧場的強壓下，小型牧場面臨的經營困境。

Q 美國的獵人是什麼樣子？

美國拓荒史的開展，其實早在白人開拓者及騎兵隊踏上荒原之前，獵人就率先抵達西部了。

這些獵人的目的是獵捕河狸、海獺、貂、銀狐等動物，然後高價出售上好的毛皮。

再加上十九世紀中期，興起了一陣淘金熱，西部所有山區都出現了礦山城鎮。獵人捕到鹿和野牛後，便製成肉乾到城鎮裡販賣，他們各自有專擅的打獵技術，喜歡磨練技巧，也熱愛大自然。

但是，一個人孤身行走總是危險，獵人必須有一套與原住民和平相處的方法。此外，由於經常與大型野獸交手，難免遭到反擊，隨時都可能受重傷，所以獵人身上大多帶著毒藥，萬一受了重傷，可以痛快解脫。

「灰熊亞當斯」是遠近馳名的獵人

許多美國人都很尊敬這種獨來獨往的資深獵人，稱他們為「山民」或「草原人」。

例如詹姆士．亞當斯就是當時加州有名的山民，他平時住在山裡與動物為伍，偶爾會帶著一隻叫「班」的灰熊進城，讓人嚇一跳。這就是美國開拓時代早期的白人獵人。

至於其他以賺錢為目的的狩獵，會盡可能用有效率的方法獵捕大量動物，而一旦獵物捕光了，就得尋找新的獵場。

反觀西部的原住民，他們打獵不是為了販賣毛皮或肉，而是為了生活所需。原住民是在自己的土地上生活，所以通常有必要才會打獵，而且會充分利用捕獲的獵物。

上圖為「駝鹿喇吧」。西頓利用這個工具吸引駝鹿靠近。

原住民的狩獵方法與白人獵人不同，他們擅長以不引起警戒的方法接近獵物，也稱為「誘捕法」。原住民傳統的狩獵法，一般來說就是模仿獵物的鳴叫聲，引誘獵物走近，再乘機射箭獵捕。所以有人說「印地安人不需要槍」，是一種非常巧妙的狩獵法。

在西頓的年代，農場或牧場都會提供驅除「害獸」的懸賞金，因此出現了不像早期以販賣毛皮或獸肉為目的的獵人。所幸後來西頓發現，在大自然資源豐富的新墨西哥等美國西南部的牛仔們，大多仍然願意遵循早期白人獵人的傳統。

西頓在曼尼托巴拓墾時，就曾向原住民朋友查斯卡學習獵人的智慧和技巧。例如藉由模仿駝鹿的叫聲，將駝鹿吸引過來再行捕捉。

西頓到了科倫帕之後，也繼續跟著西南部牛仔學習打獵。他認為西南部獵人的智慧和技巧（西頓稱之為Wood craft），完全就是在森林中生活的必要技能。

Q 西頓常常觀察動物，但是他全都記得嗎？

西頓年輕時的夢想，是成為一名在大自然中進行研究的動物學家。二十一歲時，他到曼尼托巴省的坎伯利，在大哥亞瑟的農場工作，同時投入真正的動物學研究。

當西頓說起這件事，一位稍微年長的朋友威廉．布洛迪這麼建議他：

「下次你去西部旅行，就將每天看到、聽到、體驗到的事情，都寫成日記。……日記放得愈久，愈有價值呢！」

後來，西頓不僅開始寫日記，而且終其一生都聽從布洛迪的建

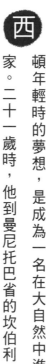

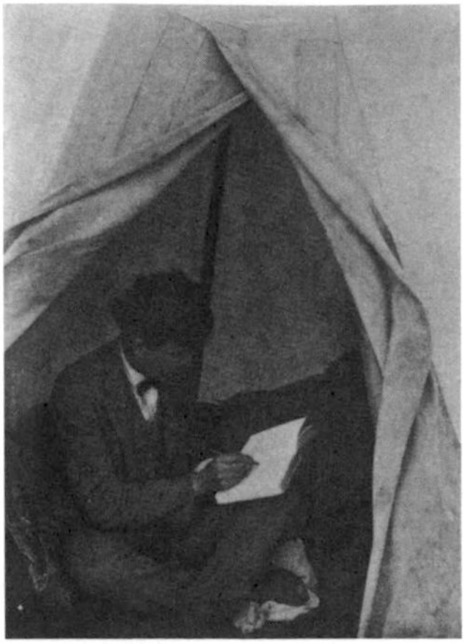

西頓在帳篷中寫日記。他無時無刻都隨身帶著日記本。

議，認真記錄每一天。西頓在某著作中寫到：

「最初的那本日記現在還放在我的桌上，我記得有一段紀錄是這樣的：『安大略省多倫多。一八八一年十一月十三日，星期一，在白橋看見三隻知更鳥。』不過這樣簡略的記述，有誰理解我單純卻踏實的喜悅呢？」

西頓認為日記是實現夢想的方法，多年後回頭讀這些記述，腦海中就會重現當時的情景和喜悅。對西頓來說，日記就是「累積（自己的）歷史，並且記憶一切事實的寶山」。

Sat. Aug. 6. Among the Bears.

At 9.30 a.m. a short fat black bear came. He was very nervous, running to a distance at each slight sound — sketch & foto. He was so timid that all nervousness left me.

At 10, a medium sized short haired slick looking black-bear appeared, & no 1 ran away at once but I got both on one plate. He left at 10.10.

no 2

At 11 an old she-bear with the lame cub known as little Johnny — came. I took fotos etc. They went away in 5 minutes, frightened by a slight sound that I made

At 11.10 saw a large black bear in the near woods, but he seemed afraid to come out

At 11.40 A large cinnamon came to the pile. (2 fotos) He stayed 20 minutes.

All these bears came noiselessly as shadows their tread gave out no sound that I could detect. I could hear the squirrels scampering over the dead leaves 300 yards away — But even the great grizzly cinnamon's tread gave no notice of his approach, he simply came

1897 年 8 月 6 日西頓的日記。

西頓留下龐大數量的日記，現在悉數收藏於紐約自然史博物館。

有一次，西頓從車窗看見被幾隻狗包圍的野狼，趕緊隨手畫下〈溫尼伯的狼〉這幅畫，僅僅一瞬間發生的情景，他竟然能夠詳加描繪。有了那些畫作，加上「日記」這座「記憶的寶山」，就能將畫面和文字串聯起來，也才有了《動物記》等眾多作品。

所幸有這些紀錄，如今我們拜讀西頓的作品，就能知道他到底觀察到什麼動物，或看到什麼令他開心的事。西頓不但傳遞了對動物生態理解的喜悅給讀者，也讓讀者藉此更為貼近西頓的內心世界。

Q 捕獸器聽起來好可怕，我想多了解一些。

所謂的「捕獸器」，就是吸引鳥獸接近，再將之一舉捕獲的獵具。根據十八世紀的貿易商人亞歷山大．亨利所言，印地安人會在動物行經的路上挖掘又大又深的坑洞，作為陷阱來捕捉野狼。

亨利寫道：「我曾經掉進印地安人所挖的坑洞陷阱裡，差點摔斷了脖子。那個坑洞竟有三公尺深。那是在冬天為了獵捕野狼或狐狸而挖的洞。這個大洞的底部周圍約九公尺長，內部非常寬敞，但是地表的洞口直徑卻只有一公尺五十公分左右。洞穴上覆蓋乾草，幾乎看不出來。有些季節，每天早晨都會有幾隻野狼掉進去。」

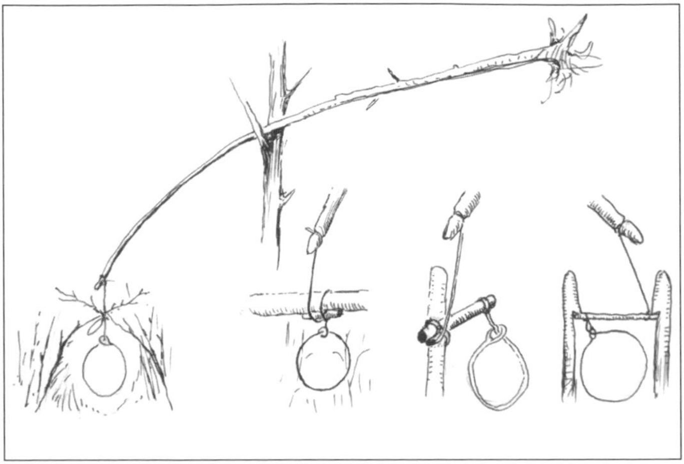

捕捉兔子用的各種圈套陷阱

這個坑洞型的陷阱運作原理，正符合「吸引鳥獸靠近，再一舉捕捉的獵具」這樣的定義。

在野狼經常活動的路上挖出坑洞，獵物自然會掉進去。這些坑洞的形狀上窄下寬，掉進去的野狼不可能爬得出來。這種獵具的構想很簡單，雖然得費力挖掘，但不用花錢，也不需要其他材料。

圈套是簡單程度僅次於坑洞的陷阱。用鐵絲做一個圓圈，布置在動物常通過的路上，等待獵物經過。獵物只要一不留神，很容易一頭鑽進去，一旦驚慌騷動，圈套就會縮緊起來。

籠型陷阱

再來是籠型陷阱。把一個四角形的箱子打開一個入口，當獵物受到引誘進去吃餌時，入口就會瞬間關閉。這種陷阱如果要做到當誘餌稍微遭到拉扯，入口便立即關閉的反應，設計構造上必須很精巧。

絆足陷阱也是相同原理。當獵物一觸動陷阱，彈簧片會立刻

利用原木的重壓陷阱

左圖是被鐵製絆足陷阱夾中的浣熊。右圖是獵熊用的絆足陷阱。

彈起，夾住獵物的身體或足部。絆足陷阱和籠型陷阱都是利用一丁點力量來啟動彈簧的構造。

設計精巧的陷阱所使用的鋼材或彈簧，後來都有專門的捕獸器公司大量生產銷售，在西頓的時代，市面上已有好幾家知名的公司。

西頓用在羅伯狼群身上的是鋼鐵製的絆足陷阱，這種陷阱專門被用來對付獵物的腳。但是由於經常發生有獵物被夾中一隻腳後還能用力掙脫的情形，所以西頓以四具為一組捕獸器來布置陷阱。如此一來，當獵物踩中某個捕獸器而掙扎時，很容易又踩中其他捕獸器，最後搞得四隻腳都被夾住而動彈不得。可說是萬無一失的厲害陷阱。

當然，野狼也會提高警戒，一旦牠們察覺危險，就會迅速避開。不過，有時牠們也可能出於好奇而走近探查陷阱（包含誘餌）。或許正如西頓的觀察，牠們能從陷阱的布置感覺出人類的意圖。一個陷阱的設置，暗中上演著人類與動物之間的鬥智戲碼（互相欺騙）。

在《狼王羅伯》中，西頓說這場智慧之爭，他完全敗給了羅伯。下一頁的圖就是西頓被羅伯拆穿的陷阱之一，我們一起看看吧。

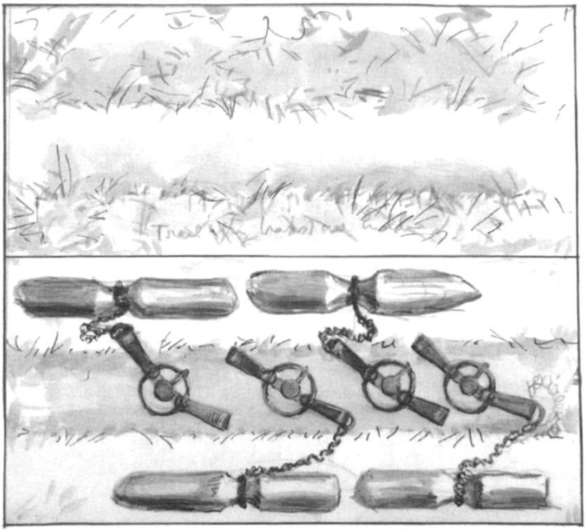

上圖是埋設在獸徑的陷阱，表面已經恢復原狀。獵捕野狼的陷阱都非常巨大，對人類也會造成危險，因此一般才會布置在人類不走的獸徑。

下圖為一組四具捕獸器陷阱在土坑中的設置狀況。抓狼用的捕獸器是利用兩個片狀彈簧的彈力觸動半圓形鐵箍，使之夾緊。一旦踩到正中央的圓形踏板，片狀彈簧就會彈起，觸動鐵箍把獸腳夾住。捕獸器分別用鍊子栓在木頭上，當四個捕獸器埋設妥當，只要獵物踩中一個，倉皇下很可能陸續踩中其他陷阱，一旦四隻腳全被夾住，便動彈不得了。

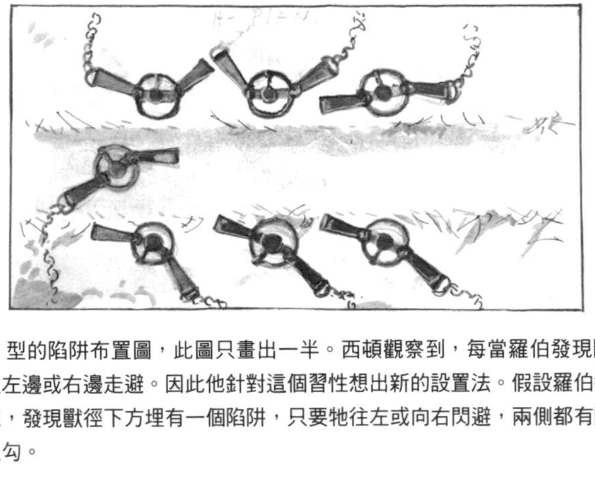

這是Ｈ型的陷阱布置圖，此圖只畫出一半。西頓觀察到，每當羅伯發現陷阱，就會往左邊或右邊走避。因此他針對這個習性想出新的設置法。假設羅伯從右邊走進來，發現獸徑下方埋有一個陷阱，只要牠往左或向右閃避，兩側都有陷阱等著牠上勾。

Q 故事中的牛仔，是西部片會出現的那種牛仔嗎？

一八九三年十月，西頓在新墨西哥州克萊頓車站下車，他當時的裝扮就是一副西部片牛仔的樣子。西頓確實在多倫多買了手槍帶在身上，而他美術學校的恩師夏綠蒂．薛伯，也送了他一把新式來福獵槍，讓他在去新墨西哥的路上可以防身（不過西頓到了科倫帕試用後發現，還是舊式的溫徹斯特步槍簡單好用）。費茲藍道夫的L×F牧場就位於克萊頓車站西南方二十五哩（四十公里）的彼納貝奇多斯河畔。

那是比愛迪生發明電影放映機稍早的年代，還沒出現描寫牛仔生

西頓的照片

活的西部片，但倒是已經有了西部片的前身——「大西部秀」表演。西頓前往克萊頓的火車之旅，是從紐約先繞到多倫多，再轉往芝加哥稍作停留。

當時芝加哥正在舉行萬國博覽會，會場就舉辦了精采的「大西部秀」表演。西頓在那裡見識到西部英雄「野牛比爾」神妙的套繩技巧，心中嚮往不已。西頓對野牛比爾三兩下就套中目標的神技相當佩服，他打算一到新墨西哥，就跟牛仔們學習投擲套繩的技巧。

西頓決定到科倫帕找羅伯，也可能是受到萬國博覽會的影響。那年七月，歷史學家透納（Frederick Jackson Turner）在博覽會發表演說，宣示「美國已經沒有邊疆」，這就是美國歷史上有名的「邊疆消失」宣言。

此處的邊疆，指的是開拓者將自然環境開墾成農地的地方。美國的開拓活動始於北美大陸的東海岸，一直向西前進延伸，橫跨密西西比河，再繼續往西越過洛磯山脈，才總算到達西海岸。而那時候的景況，正如特納的宣言，再也沒有可開

西頓喜歡聽那些個性開朗的牛仔大談趣事

發的土地（自然）了。

但是西頓卻打算到野牛的最後棲息地科倫帕，去探尋反擊人類的羅伯狼群，並且拜訪最接近大地生活的牛仔。

鄰接墨西哥的新墨西哥州是牛仔的發祥地。西頓曾經在曼尼托巴向原住民獵人查斯卡學了許多關於動物和大自然的事，他想進一步結識牛仔，向他們學習更多知識。當地的牛仔就像西部片中常常會出現的熟面孔。

大自然絕不會向人類屈服，西頓心中的願景，就是將西部的生活經驗帶到東部，宣揚與大自然的共存之道。

Q 觀察狼群的腳印，可以知道很多訊息嗎？

西頓去科倫帕有三個目的。他寫道：「擺平十五頭灰狼、正確測量大型動物的體重，以及素描所有四足動物的腳印。」可見西頓此行是著眼於動物學的研究。前兩個目的涉及當時流行的知識——動物分類學。

美國生物調查局局長柯林頓．梅里厄姆（Clinton Hart Merriam）說過，分類學研究必須要在同一處採集十幾隻動物的標本，作為有效樣本。西頓應該是想取得野狼標本，為動物學的研究盡一己之力。

第二個目的「精確測量大型動物的體重」也是一樣。當時所謂

左起是上了年紀的人腳印，接著是年輕獵人的腳印、都會女性的腳印、狗的腳印，以及貓的腳印。這些腳印隨時隨地都可以觀察得到。

的「科學精神」，就是進行測量（資訊數字化）。在分類學的研究上，研究者會依動物的身長、耳長、頭骨寬度等身體各部位來測量。但是要測量動物的體重，必須抓到動物才行；而且體重計很重，也無法隨身攜帶。因此，西頓覺得如果到科倫帕當地能收集到動物體重的數據，將十分有

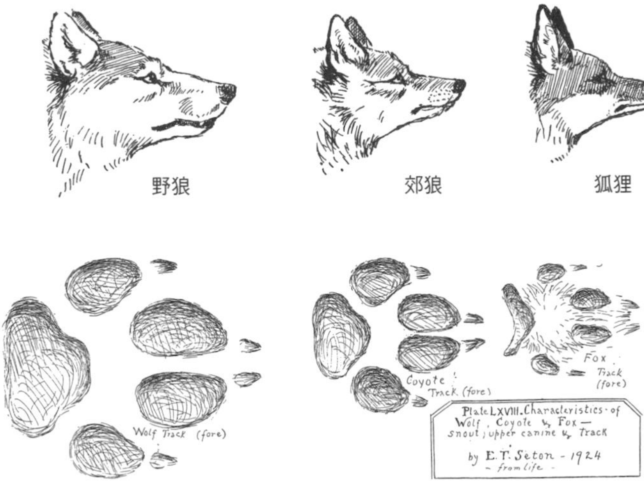

左起分別是野狼、郊狼、狐狸的腳印

利於分類學的研究。

不過，這兩個研究，在《狼王羅伯》這個故事中，都沒有派上用場。

第三個目的「素描所有四足動物的腳印」就稍微不一樣啦。腳印對分類學研究不見得有幫助，也很難正確測量。但若是為了解動物的生態，觀察腳印就大有用處了。

科倫帕的大型犬科動物只有野狼和郊狼兩種。因此看到腳印可輕鬆區分出大腳印是野狼的，小腳印是郊狼的。

一般來說，野狼都會成群結隊行動。在科倫帕狼群的腳印中，如果出現特別顯眼而巨大的腳印，那就一定是羅伯。

此外，西頓又發現狼群中沒有走在羅伯前面的狼，因此推測羅伯在狼群中地位最高，也就是老大。

有一組較小的腳印，偶爾會出現在羅伯腳印的前方，西頓認為這必定有特別的意涵。看似模糊又摸不著邊的腳印，往往透露出動物的品種或個體特徵。我們可以從這些特徵來解讀野狼之間的關係。

除了腳印之外，還有許多可供判別品種和個體活動的特徵，例如糞便、剩餘食物和殘渣，或是牛仔閒聊間透露了看見羅伯和布蘭卡的訊息。

西頓的簽名

像腳印這種供人類判讀訊息的特徵，稱為「標記」。氣味和鳴叫聲也是一種標記，西頓正是以視覺、嗅覺、聽覺來觀察這些標記，研究動物的生態。

像這樣不以特定方法，而是多方搜集資料，以宏觀角度來進行研究，與其說是科學家，其實較接近「博物學者」的研究方法，博物學者像是醫生。他們研究自然，但不傷害自然。

西頓曾經為了製作標本而捕殺動物，但他的內心絕對是博物學者，當他了解野狼的心，便發誓今後絕不再殺害動物。他在自己的簽名旁印上野狼的腳印，以證明他的決心。

Q 書中出現布蘭卡和羅伯的照片，那麼早以前就有相機了嗎？

臺可以瞬間拍下河狸建築水壩的相機，對記錄大自然的人來說，是很方便的工具。

我們知道，河狸會用樹枝建造水壩，而這些水壩的構造往往相當複雜，想靠手繪畫出細部，幾乎是不可能的事。但是，早期的相機體積龐大又笨重，得靠專門的攝影師費力搬運，還得架上三腳架才能拍攝。

世界上第一位研究河狸社會的動物學家路易斯．摩爾根（Lewis Henry Morgan）就為了拍攝水壩的構造，

柯達公司的箱型照相機

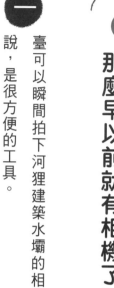

大費周章帶著攝影師去調查水壩，後來將研究成果發表於一八六八年的科學期刊。

拿著照相機拍照的西頓

西頓觀察羅伯是在一八九〇年代，當時美國的柯達公司已經推出手持拍照的「箱型相機」。這種相機攜帶起來相當方便，所以西頓為了去新墨西哥而準備的工具中，就有這款名為「柯達」的箱型相機。

當他用埋設好的陷阱抓到布蘭卡，之後又逮到羅伯時，就是用這臺相機拍下許多珍貴的照片。

西頓於一八九八年在《娛樂雜誌》（*Recreation*）發表了一篇題為「用相機狩獵」的文章。文章中說道，人類有狩獵的本能，每個男孩天生都有「想要拿槍」的欲望。所以西頓提倡：「不妨把槍改成相機，帶著相機也能充分享受追逐的樂趣，而且得到的戰利品是動物活生生的模樣，而不是冰冷的屍體」。

Q 羅伯被捕之後，狼群都還好嗎？

自從新墨西哥的大草原被改成養牛的牧場之後，西頓說了一段這裡發生的悲劇，也就是《狼王羅伯》的故事。為了防止野狼襲擊牧場，他必須設法對付羅伯的狼群。而西頓得到的教訓就是，人類應該要以更平和、更友善的態度與野生動物共處。

當然，牧場主人的想法可就不同了。他們要保護牛隻，很難對野生動物仁慈。然而，這些養牛的牧場都是人類在短短幾十年間，殺盡了幾百萬頭野牛，然後畫地建造而成的；沒有人保證能永續經營下去（當時最大的XIT牧場與其他許多農場，都因牧草養護困難而宣

遭受沙塵暴侵襲的克萊頓小鎮，整個籠罩在黑色風暴中。

告破產）。

一九三〇年代，克萊頓的小鎮經常受到有「黑色風暴」之稱的沙塵暴肆虐，只要看看當時的照片，就能理解是怎麼回事。整個戶外完全籠罩在黑色風暴之中，許多人類和家畜因此窒息死亡。

不僅在克萊頓，包括新墨西哥、奧克拉荷馬、科羅拉多與德州的一部分，全都

西頓為孩子們畫了許多羅伯和布蘭卡的圖像

無法倖免沙塵的侵襲；據說大量的沙塵甚至一路飄到紐約。

黑色風暴已被列入世界上三個最嚴重的環境災害之一，一旦沙塵暴來襲，所有東西都將被埋在厚度達數公尺的沙塵之下。

就在羅伯稱霸的時代過後不久，相信拓荒運動會帶來美好未來的人們，帶著大草原適合開發農業的夢想，大量湧入奧克拉荷馬、科羅拉多和新墨西哥各州，紛紛種起小麥。起初的二十年一帆風順，當時社會正好與工業化接軌，順利發展出量產的機械化農業。但是，隨著乾旱來臨，烏雲般的黑色風暴開始侵襲各地的村莊和小鎮。

不懂得與野牛和野狼和平共處的人類，當然也不會和大草原的土地和平共處。當然，這不能怪人類無知，問題的癥結應該是我們的社會發展和經濟結構沒有教會人類怎麼和大自然相處。

西頓和羅伯狼群之間所發生的衝突，只是時代巨變中的一個渺小事件。但是，我們可以從西頓發誓再也不屠殺野狼的決心，以及人類社會引發黑色風暴等環境巨災這兩方面，學到與自然共處的寶貴教訓。

圖版出處

※ 西頓的著作，以及刊載西頓繪畫作品的書籍或雜誌

《我所知道的野生動物》（*Wild Animals I Have Known*）
《動物的狩獵生活》（*Lives of Game Animals Vol.1, Vol.3*）
《野生動物的英雄》（*Animal Heroes*）
《家裡的野生動物》（*Wild Animals At Home*）
《獵物的生活》（*Lives of the Hunted*）
《森林神話寓言》（*Woodmyth and Fable*）
《偉大的野生動物英雄》（*Great Historic Animals*）
《西頓自傳》（*Trail of the Artist-Naturalist*）
《森林生活指南》（*The Book of Woodcraft*）
《灰熊傳》（*The Biography of a Grizzly*）
《美洲四足動物》（*Four Footed Americans*）
《娛樂雜誌》（*Recreation magazine, 1898, 1902*）
《美國鄉村生活》（*Country Life in America*）
《斯克里布納雜誌》（*Scribner's magazine*）
《鳥類知識》（*Bird Lore*）

※ 茱莉亞・西頓的著作

《在熊熊燃燒的火焰旁》（*By A Thousand Fires*）
《印地安人的服裝》（*The Indian Costume Book*）

※ 其他著作

《灰熊獵人，亞當斯》（*Drizzly Bear Hunter, Adams*）

為編纂本書而拍攝的原畫和照片資料，承蒙菲爾蒙特博物館「西頓紀念圖書館」（Philmont Museum-Seton Memorial Library）惠予協助，特此致謝。

〈西頓演講節錄〉

追逐獵物的野狼

噓，安靜，我聽見野狼的遠嗥。

嗥—嗚——嗚　嗚　嗚—

哇—嗚——啊　啊　啊—

拉得長長的嚎叫聲，是這個意思：

「大家快過來集合，一起去狩獵，要出發了！」

這是野狼集合的信號。

仔細聽，

嗥嗚——啊喔——

還有不一樣的聲音，是公狼。

咕啊嗚—哇喔——啊喔—

牠一定是身經百戰的狠角色。

咦，野狼們好像在湖邊集合了。

據說西頓演講時，非常會模仿動物叫聲。他在每年固定幾個月的動物調查之旅中，都會安排至少 10 週的演講行程。部分演講內容以黑膠唱片錄製。〈追逐獵物的野狼〉這首歌，節錄自 1910～21 年的 78 轉黑膠唱片裡的內容。

看牠們叫得那麼起勁，一定是找到獵物的新腳印了。

哦哦！牠們要開始唱狩獵的歌了。

嗚啊 嗚 嗚 嗚 嗚—啊—
嗚啊 嗚 嗚 嗚 嗚—啊—

牠們追的獵物，應該是鹿。
野狼們繞著圓周有幾公里長的大圈跑得飛快。
你看，聽見了嗎？

嘷嗚—嗚喔 嗚喔 嗚喔—

野狼往我們這邊跑來了。
當然，跑在牠們前面的是鹿。

大家看！
那優雅的跳躍，是鹿跑過來了。
那不是一頭美麗的雄鹿嗎？
精神抖擻，身強力壯的雄鹿。
牠害怕野狼的追逐嗎？
哦不，牠一點也不害怕。
地面沒有積雪，雄鹿可以輕易拉開與野狼的距離。
多麼輕盈的動作！

擺動著美麗的白色尾巴，宛如大薊的冠毛乘風飛舞，
輕飄飄地越過矮樹叢。
雄鹿嘲笑著野狼。
嗯，我是說假如牠笑了。

看，雄鹿就要橫渡那寬廣的河灣淺灘。
你們看見牠停下來，對著身後提高警覺的樣子嗎？
雄鹿回過頭，正要跑進岸邊的森林，
你們聽見牠發出一點點不屑的聲音嗎？

嗯哼（鼻息）

雄鹿就這麼哼了一聲。
野狼們使出渾身的力氣，一邊喊叫一邊追過來了。

嗥喔哇、哇、哇（野狼爸爸）
嗚喔——喔、喔、喔、喔——（野狼媽媽）
哈、啊、哇、哇、哇——（喬尼）

聽見了嗎！
有三種不同的叫聲。
野狼爸爸、野狼媽媽，
還有小狼喬尼。
喬尼的叫聲是跟著爸爸媽媽奔跑的時候，

才會發出的小狼叫聲。
很感動吧！

野狼們趕上了。
雄鹿已經渡過寬廣的河灣，
地面上鹿的腳印和氣味已經中斷了。
野狼們躲進樹叢裡，
牠們一定發現我們，才會提高警戒。

你們看！
下游那邊湖岸的低樹叢有動靜。
野狼們在那裡，牠們一定在尋找鹿腳印。

噓，安靜！

嗚喔、哇、哇、哇——

嗚喔、哇、哇、哇——

野狼媽媽叫大家回來。

牠們明白已經追不上鹿了，再去找別的獵物吧。

嗚哇喔——嗚哇喔——嗚喔——嗚喔——嗚喔——嗚喔——

後記

為大家獻上西頓動物記的第一部作品《狼王羅伯》。這個故事收錄於《我所知道的野生動物》裡（*Wild Animals I Have Known*，一八九八年）。

這個故事成為西頓的動物故事傑作中特別有名的作品，是有原因的。西頓在撰寫羅伯的故事前，累積了與羅伯長時間交流的經驗，在這過程中，羅伯漸漸改變了西頓的想法。西頓將這個故事寫下來，也使得所有讀過這個故事的人，對野狼從此改觀。

羅伯的故事最初刊登在《斯克里布納雜誌》（*Scribner's*）一八九四年十一月號。如今，既然要將這部舊作重新介紹給讀者，就必須解開故事中的幾個謎團。

例如狼是遍布歐、亞、北美大陸的動物，但西頓為何特地到新墨西哥的科倫帕去找羅伯呢？在這個幾乎不下雨、半沙漠狀態的科倫帕高原，何以有綠草如茵的景觀？《狼王羅伯》已經有許多翻譯版本，卻也有諸多細節沒有交代清楚。

另外，一般人可能以為這是西頓憑空杜撰的動物故事。但是，西頓自己清楚交代，這個故事是根據「事實」而來的。也就是說，羅伯故事的到底是不是「真狼真事」，也是一個謎。

我與畫家津田櫓冬及一群關注西頓作品的伙伴組成了「動物記研究會」，共同討論西頓希望藉由作品傳遞的訊息。這套全新的《西頓動物記》便是結集大夥兒的熱情而誕生的作品。在此對津田老師及各位伙伴致上由衷的感謝。

今泉吉晴，二〇〇九年十二月

作者・插圖

厄尼斯特・湯普森・西頓

1860 年 8 月 14 日生於英國的港灣小鎮南西爾斯。1866 年舉家搬遷到加拿大的拓荒農場。西頓從小生活在大自然中，他熱愛野生動物，夢想長大成為一名博物學家。他在倫敦和巴黎接受專業美術教育，返回加拿大後陸續發表動物的故事，著作有《我所知道的野生動物》（*Wild Animals I Have Known*）《動物的狩獵生活》（*Lives of Game Animals*）和《兩個小野人》（*Two Little Savages*）等，並在書中親自繪製大量的插圖。

西頓於 1946 年 10 月 23 日逝世於美國新墨西哥州聖塔菲自宅。

編譯・解說

今泉吉晴

動物學家，1940 年出生於東京。在山梨與岩手的山林中建造小屋，終日眺望溪流、照顧植物，觀察並研究森林裡的地鼠、野鼠、松鼠、飛鼠等小型哺乳類動物。著有《空中出現地鼠》（岩波書局）、《西頓：孩子喜愛的博物學家》（福音館書店）、《飛鼠一家》（新日本出版社）等。譯作有《湖濱散記》（小學館）、《西頓動物誌》（紀伊國屋書店），以及《亨利的工作》（福音館書店）等。

狼王羅伯

西頓動物記 01

原著作者——厄尼斯特・湯普森・西頓（Ernest Thompson Seton）
編譯・解說——今泉吉晴
譯者——蔡昭儀

副社長——陳瀅如
總編輯——戴偉傑
責任編輯——李嘉琪（一版）、戴偉傑（二版）
行銷企畫——吳孟儒
封面設計——POULENC
內文排版——OLIVE

出版——木馬文化事業股份有限公司
發行——遠足文化事業股份有限公司（讀書共和國出版集團）
地址——231新北市新店區民權路108-4號8樓
電話——02-2218-1417
傳真——02-2218-0727
Email——service@bookrep.com.tw
郵撥帳號——19588272木馬文化事業股份有限公司
客服專線——0800-2210-29
法律顧問——華洋法律事務所 蘇文生律師
印刷——前進彩藝有限公司
出版日期——2018（民107）年7月二版一刷
2024（民113）年1月二版三刷
定價——250元
ISBN——978-986-359-535-9

國家圖書館出版品預行編目(CIP)資料

狼王羅伯 / 厄尼斯特.湯普森.西頓(Ernest Thompson Seton)著；今泉吉晴編譯解說；蔡昭儀譯.
-- 二版. -- 新北市：木馬文化出版：遠足文化發行, 2018.07　面；　公分. -- (西頓動物記；1)
譯自：オオカミ王ロボ
ISBN 978-986-359-535-9(平裝)
1.動物 2.兒童讀物
380.8　　107007135

羅伯
一般的野狼